I believe in the value,
passion
and *beauty*
in press.

passion
in
press

I believe in the **value,**
passion
and beauty
in press.

有教無淚

教飛媽媽
伴孩子飛翔 48 式

羅乃萱 著

有教無淚

教飛媽媽
伴孩子飛翔 48 式

作者	羅乃萱 Shirley Loo
主編	吳國雄 Hyphen Ng
執編	羅慧琪 Ricky Law
校對	余雪 Audrey Yu
書裝	羅秀慧 Losau
封面攝影	何志滌 Peter Ho
出版	**印象文字 InPress Books**

香港沙田火炭坳背灣街 26 號富騰工業中心 1011 室
(852) 2687 0331　info@inpress.com.hk　http://www.inpress.com.hk
InPress Books is part of Logos Ministries (a non-profit & charitable organization)
http://www.logos.org.hk

發行	**基道出版社 Logos Publishers**

(852) 2687 0331　info@logos.com.hk　http://www.logos.com.hk

承印	海洋印務有限公司
出版日期	2017 年 10 月初版
產品編號	IB704
國際書號	978-962-457-549-1

本書文章曾刊載於《明周》,特此鳴謝。

基道 Bookfinder

印象文字

刷次	10	9	8	7	6	5	4	3	2
年分	26	25	24	23	22	21	20	19	18

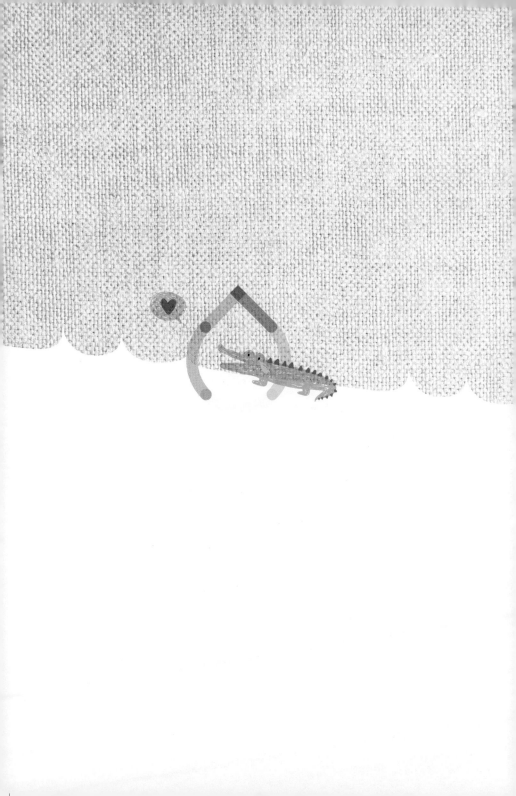

目 CONTENTS 錄

1 叫極都唔做?!......

責任與獨立的重建

第 1 式

第 9 式

II 問 極都唔 答?!......

溝通與品格的建立

III 講極都唔明?!......

情緒與衝突的處理

IV 催極都唔讀?!......

自主與學習的培養

第 40 式

Ｖ 愛極都唔**夠**?!. . . . . .

同在與同行，以愛還愛

第 48 式

序

教養孩子責無旁貸

　　友人是當教師的，他說班中有一位學生，常跟老師頂嘴。老師跟他說：「你要守規矩！」他偏不聽。至有一天，友人受不住兇起來，疾言厲色斥責那孩子的行為，他居然乖乖聽話。但更令友人氣結的是，見家長時跟孩子的爸談起這次事件，對方竟說：「我在家不夠兇，所以搞不掂他。拜託老師你了！」

　　管教，不是父母的責任嗎？為甚麼推了給學校？

　　我想，最大的問題是，父母最在乎的是孩子的教育問題（如上哪所名校？去哪一個補習班？）卻忽略了「教養孩子」才是他們最基本的責任。

甚麼是「教養」？離不開規矩、解說與榜樣。

為人父母的，要從小為孩子定規矩界線，讓他知道何事可以何事不可以。如對人要稱呼，長輩要尊敬，對老師要聽從，吃飯的時候拿筷子不可以「飛象過河」、別人的東西要問過才取、借了別人的東西要歸還等等，都是與人相處交往的基本禮貌，是要父母耳提面命的。

同時，更要讓孩子知道，不守規矩的話會有「後果」的。年幼的孩子，後果可以是順其自然的，如他打翻了最愛喝的果汁，就沒得喝。至於年歲漸長的，零用錢或外出回家的限制，也是一種對孩子的制約。而另一個大範疇，就是孩子該負的責任，如做功課溫習，甚至日常生活的張羅（穿衣服揹書包等）。若父母過分參與代勞，孩子跟父母的「臍帶」就永遠斷不了。

不過更重要的教養，是需要解說的。如為甚麼要對人禮貌（那因為你想別人怎樣待你，你也要如何待人），為何要問過人家才能拿他的東西（因為那東西是屬於別人的）等等。若父母覺得為難，或不知從何說起，可透過書籍繪本，或網上一些短片等等，總之就是使盡各種方法，務求孩子明白。

至於榜樣，更是至要。孩子最不能接受的，是「講一套做一套」的父母。而且很多時候，活出來比「日哦夜哦」更奏效。

這本《有教無淚——教飛媽媽伴孩子飛翔48式》也是基於這三大範疇下寫成的。記得過去寫親子書時，孩子仍在唸書。今天，她長大了，不時跟我談到兒時教她的種種，但最感動的是，她有天告訴我：「媽媽，我是看著你把教我的活出來，可以有樣學樣！」所以這本書分享的內容，有些是在講座中聽回來而回應的，有些是落地教養孩子的一些板斧，希望能更貼合現代家長的需要啊！

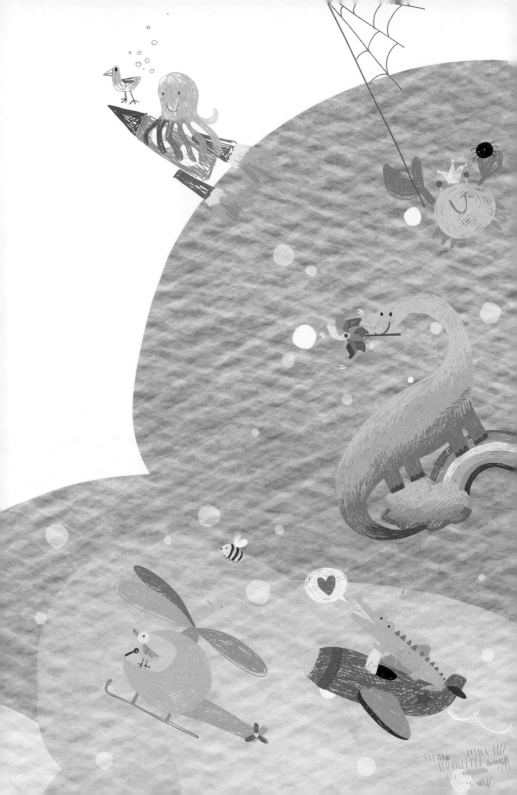

教養孩子，誰無困惑？

只是有些碰到困惑，不敢求問，

結果變成跟孩子「困獸鬥」。

有些卻不恥下問，屢試屢改，

結果茅塞頓開。

你想當

哪一類父母

？

1

叫極都唔做?!

責任與獨立
的重建

1

孩子也可以獨立自主

　　安坐家中，是我為一個專欄起的名字。因為喜愛其意境，也喜愛其意思。

　　一個家庭，如果父母孩子都能安坐家中，各有各的空間，各自各自在，但又連結一起，相親相愛。那是多美麗的一幅圖畫！

　　父母為何能安坐家中？因為孩子都獨立自主，不用事事仰賴父母；這就代表孩子長大了。父母也因為孩子的獨立而心安穩坐。這也是我對養育孩子的信念。

　　訓練孩子獨立自主的第一步，就是懂得向他 say NO。一聽到拒絕，很多家長就皺眉，覺得會傷害孩子。其實，是有很多方法說

「不」的。

比方說，孩子要求媽媽：「幫我把拖鞋拿過來好嗎？」媽媽可以拐個彎說：「你試試啊！那天我不是看到你把拖鞋拿給爸爸穿嗎？你做得到的！」

又如，我們要求孩子把玩具放回原處，便說：「玩完的玩具，都要歸回原位，記得嗎？」孩子十居其九都會當作耳邊風，不理會這要求。最後，媽媽見到散滿一地的玩具，只有乖乖收拾，免傷和氣。

碰到這樣情況，我就會用「擬人法」這絕招。那就是把家中許多物品都變成會說話的、有生命感情的。如對孩子說：「瞧！洋娃娃哭了，因為她很想回家見爸爸媽媽。你願意把她送回家嗎？」孩子是這樣被我半騙半逗的，將收拾玩具化成「送玩具回家大行動」。

至孩子年歲漸長，訓練他獨立自主不難。因為他們根本具備這些能力，如抄手冊、做功課、溫習默書、做筆記的能力。**倘若父母能忍一下心，從旁引導，然後放手讓他試試，他會一步一步學會的。**

説來話長，我跟外子就是如此這般，一步一放手，一兩天一個 No，訓練女兒獨立自主。她現已長大成人，出來社會工作。最近問她婚事安排如何，聽到的就是這句話：「爸媽請放心，我會處理的！」

　　但不知何解，當時聽到這樣的一句話，心雖歡喜，眼眶卻是有點濕濕呢⋯⋯

2.

孩子不能吃苦？

　　這一代的孩子不能吃苦，是事實。最主要的原因，是父母心疼孩子，保護孩子，不想他吃苦。

　　所以走路要扶著他，生怕他跌倒。

　　上學要幫他揹書包，生怕書包壓彎了他的脊背。

　　功課不會做，生怕他被老師責罵，就幫他做。

　　功課忘了帶，趕緊送到學校。

　　被老師罵了幾句，立刻為他出頭，向老師問個究竟。

　　唸書唸得太辛苦了，就想到不如為他轉所少點功課壓力的學校。

　　至有一天，孩子畢業出來工作了，常

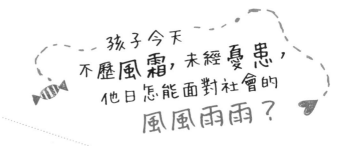

孩子今天不歷風霜，未經憂患，他日怎能面對社會的風風雨雨？

抱怨工作繁重又要加班，就告訴他不如回家想想自己的未來。結果待在家中打機，無所事事⋯⋯

這些例子，都是接觸家長後彙集而成的實例。

記得教孩子寫作的時候，也曾問過他們知否吃苦為何物。答案總離不開被父母或師長責罵、功課繁重、與同學相處困難、比賽拿不到第一，或自己生病進醫院等等。問他們「吃得苦中苦」下一句是甚麼，很多都搭不上嘴。

看來，「吃苦」這課題，我們真的沒有好好傳遞給下一代。也早忘了咱們的上一代，吃過中日戰爭的苦頭。老媽常把「日本仔打到了就沒得吃」掛在嘴邊，囑咐我們不得「揀飲擇食」；只是到我們，孩子生得少，安逸慣了，憂患意識也失傳了。

我們也許以為，這些只是孩子求學成長的苦惱，倘若將這些「障礙」移除，孩子可以安心唸書，也減輕他們面對挫敗的無助感，有何不好？但衍生更大的問題卻

是：**孩子今天不歷風霜，未經憂患，他日怎能面對社會的風風雨雨？**

其實說真的，要孩子吃的所謂苦，也不是怎樣的苦。

請他跟我們逛逛街市，幫忙買菜；吃過晚飯後，請她洗洗碗；睡過一覺，希望他能整理牀鋪；有零用錢在手，要量入為出，花多了錢只能挨餓；暑假到了，找一份暑期工作或到機構當當義工，學習服務別人……

又或者最起碼，讓孩子學學撐傘，經經風雨，接受這個人生的基本磨練吧！

親子互動
鬆一鬆

突然停電了

問問孩子

有一晚，家裏突然停電，你會：

a. 找手電筒。

b. 把蠟燭拿出來。

c. 找大人來幫忙。

d. 到街上捉兩三隻貓兒回來，因貓兒的眼睛會在夜晚發光。

參考這回應，與孩子傾一傾

a. 十分保險的做法，不過黑漆漆，怎去找？
b. 想玩火！小心火警！
c. 大人通常是有辦法的。
d. 想不到，你竟找到一個養貓的最佳藉口。

給家長的便條

風不常打，電不常停，但讓孩子設身處地想想這些艱難歲月的困境，訓練他臨危應變之餘，也可以啟導他以輕鬆心態面對日常生活的危機。也可在下雨時帶他外出，讓他自己學撐傘或穿雨衣走走，也是一種鍛煉。

孩子輸了

　　小芬的媽媽滿懷希望帶她去參加乒乓球比賽。一進體育館，看見對手在練習，小芬的教練就走過去，拍拍她的肩膀說：「看到對手在練球，你比她技高一籌，一定贏！」她笑眯眯地看著教練，一副胸有成竹的模樣。

　　怎知，比賽一開始，對方就佔了上風。小芬努力奮鬥，也不能挽回頹勢，最後以三盤兩勝落敗。放下球拍，她再也掩不住內心的悲傷，在場地一角，暗暗抽泣起來。媽媽見狀，趕緊走去安慰。小芬只是不停在哭，嚷著從此退出比賽。

　　以上的場面，就算不在比賽場所目睹，身邊也屢有所聞。

　　怕輸，是孩子的天性。就算如咱們成人，也希望在比賽中突圍而出，取得獎項。問題是，冠軍只得一個，其他人都要有落敗的心理準備。面對這些關口，小芬媽媽的回應就很重要。

　　她會責怪小芬，覺得她沒盡全力？還是覺得她運氣不好，所以才輸？還是覺得孩子技不如人呢？這些都是原因，但對本來以為穩操勝券的孩子來說，先要安撫的是她的情緒。

　　「知道你努力練習很久，但臨場發揮不到，感覺很難受，是嗎？」先認同孩子的情緒，讓她知道被接納。

　　「媽媽，我不再參加比賽了，我怕會輸啊……」小芬仍在哭。

　　媽媽一把將她攬進懷中：「**比賽一定有輸贏，真正的贏是懂得在落敗後，不畏困難再站起來，因為你要勝過的是自己！**」

　　「來，來，我們問問教練，你有哪些需要改進的地方。」說著，小芬媽媽一把拖著孩子，往教練的方向走去。

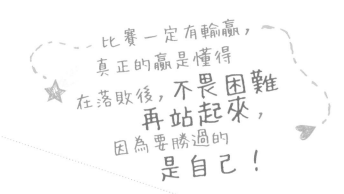

比賽一定有輸贏，
真正的贏是懂得
在落敗後，**不畏困難
再站起來，**
因為要勝過的
是自己！

　　那些年，在球場上看到這樣的
一幕，覺得小芬媽媽真是個應付輸贏的高手。
首先，她懂得認同而不是排斥孩子的感受。然後告訴孩
子，輸贏只是一場比賽，但懂得從中吸取經驗教訓，了
解自己更多，贏取的卻是一個更寶貴的人生功課。最後
才引導她作賽後檢討。

　　孩子輸了，並不可悲！只要父母別抱非贏不可的心
態，給予支持之餘也引導他正視失敗，孩子便可以從失
落的低谷中走出來。

4

面對逆境

　　問這一代的父母，孩子最常面對的逆境是甚麼？

　　學校方面，有的說是學業成績未如理想，被同學排斥，老師偏心，不能面對功課壓力，公開比賽拿不到獎項等等。

　　個人方面，有的說是樣貌平庸，個子矮小或太胖，被標籤了有某種障礙，患有長期疾病（如皮膚過敏）等。

　　依我看來，另一種說不出的逆境，是父母婚姻關係出現問題，或與家人不和等等，更使孩子有口難宣的，當然還包括失去摯親。

　　老實說，以上提到的這些逆境，人生總會出現。

　　記得友人的孩子剛升小一，難題就來了。因為女兒本來唸的是活動教學的學校，幼稚園三年都是在玩樂中度過，從沒聽過「默書」為何物。所以開學後溫習了好幾天，女兒還是不知道怎樣記生字。後來友人突然靈機一觸，跟女兒說哪些課文中的生字都迷了路，要有人認出來，才可以回家。女兒一聽，動了善心，立刻記住了那些生字。因為相信媽媽說的，把它們逐一認出來，就可以帶之歸家。哈哈，真虧這個媽媽想得出這辦法！

　　其實，孩子面對逆境的能力，是從父母那裏學習回來的。若我們對孩子視為「大難臨頭」的事情，來個大吃一驚的反應，孩子自然跟著我們驚惶失措。但也千萬別說「小事不足掛齒」，因為孩子會認為父母忽視其需要。**面對人生的逆境，我的老爸最愛說：「最緊要鎮定應對。」而孩子會因著父母的從容，學會了應對逆境的第一式。**

　　接著，就是怎樣審視逆境。像友人的例子，緊張大師型的媽媽會覺得「連默書也不會，將來考試怎辦？」，

但友人卻將之視為「一時」的困難，並深信總有解決的辦法。兩者是截然不同的角度。

　　記得孩子唸書時，會跟我訴說學習的難關，我總會稱之為生命的「挑戰」。應付了一個挑戰，便對自己了解多一點，能力也提升了點。原來這樣為逆境命名，也是幫助孩子逆轉思維面對逆境的良方。

　　不過，現代父母最大的矛盾是，既覺得孩子脆弱需要逆境的磨練，但又生怕孩子面對不了而處處保護。這才是最要命的呢！

5

半途而廢

　　小明很愛踢足球，媽媽便讓他去學。學了不久，小明看到同學們都踢得比他出色，運球控球都有一手，自己卻雞手鴨腳常被教練罵，沮喪極了。那天回家就垂頭喪氣跟媽媽說：「我不踢球了，因為不好玩！」

　　媽媽再三盤問，旁敲側擊，始知道小明是因訓練中「表現不佳」萌退出之意。這天，我見到小明媽媽，她劈頭就把這個問題拋來。

　　「孩子說不想學，就讓他半途而廢，還是要他堅持下去？」這幾乎是許多用心良苦的媽媽們的隱憂。但首先要搞清楚的是，孩子多大？

　　「幼稚園中班。」小明媽媽說。

　　唸幼稚園的孩子對興趣、熱愛這門子的

事，仍在探索階段，往往五分鐘熱度，今天說喜歡，明天可以不喜歡，不能作準。還是讓他試試玩玩，上上感興趣的短期課程，了解一下他的潛能傾向。曾見過一些幼稚園學生，年紀小小就能做許多手腳協調的動作，那可能是他有身體智能（如健身操）的特長。

至升上高小，父母大概也能從他的喜好中窺見其興趣潛能。

其次要搞清楚的，是孩子有否選擇權。因為若是真興趣，就不用催谷，也會自動自覺練習；若是父母之命，則只會敷衍了事。

記得女兒是在我威迫利誘下學鋼琴，所以每趟要她練琴都要費很大的力氣去游說。及後跟她約法三章，我的底線是她一定要學懂一種樂器以陶冶性情，但學哪門樂器卻由她選擇。結果她選了長號，往後的日子全都是自動自覺練習，完全不用敦促，至中六那年還跟同學組成樂隊到老人院獻奏娛賓，將興趣化為服務。

深深明白為人父母的，不想驕縱孩子，更怕他學甚

麼都半途而廢。所以父母為孩子報校外課時就要事先聲明，這是他自己選擇的，就不能輕言退出，一定要學習到底。父母若立場堅定一致，孩子知道不能動搖，自會一鼓作氣學下去。至於半途而廢這種惰性，千萬別因孩子怕辛苦怕輸就由他放棄，他日變成慣性的話，對孩子的影響可大可小呢！

6

比較

　　曾經，很不喜歡自己的名字，因為總跟出類拔萃的鋼琴家姊姊羅乃新扯在一起。

　　「你叫羅乃萱？」

　　「是！」

　　「跟彈琴很叻的羅乃新有何關係？……」

　　「是我姐姐！」

　　「那你彈琴嗎？……」

　　這是我最不懂回答的。我懂彈琴，但跟姊姊的表演彈奏很不一樣。所以有一段時間，我愛用英文向人自我介紹，省了被人問長問短的麻煩。

　　其實，這可不是我獨有的問題。**在任**

任**何家庭，若兄弟姊妹之**
中有一個特別出色，其他的平平
無奇，比較就會出現。而那些平凡的總會
給比下去，這是避無可避的。

當然，有時是父母會比較：哥哥手腳快，弟弟手腳慢。有時，是外人在比較：姐姐跳舞出色，妹妹怎麼跳成這個樣子，姊姊沒教你嗎？

總之這些話，聽在「給比下去」的那個心裏，就很不是味兒。那有甚麼解決方法，來制止手足之間的相爭？

其中一個要訣，就是父母要「識做」。

我的老爸就是一位「識做」的爸爸。不知何年何月開始，他讚我手長腳長，是運動的人才。我就是這樣在中學階段愛上了田徑，也愛上了游泳。隨後，個人的自我價值也因在運動得著發揮，而逐漸建立起來。

但現實卻是，父母是會偏心的，特別當一個乖巧聽話，一個反叛冷漠。父母很自然會重這個輕那個。更嚴

重的是，要求這個孩子學那個般聽話，結果那叛逆的變本加厲，手足之間的競爭愈演愈烈。

應付這情況，聽過最有效的方法是，父母多跟孩子相處，讓每個孩子都享有單獨與父母相處的空間。然後，從中發掘孩子「不一樣」之處，讓他看清自己的獨特，並對他加以讚賞，也讓孩子明白，他的獨特是不需要跟手足比較或互貶而來的。

至今，我仍很感謝老爸出手提拔，特別碰到那些對我毫無興趣的親友時，總會多加一句：「彈琴的是大女兒，但我這個二女兒運動方面很出色呢⋯⋯」

十隻手指各有長短，我們的孩子也是這樣！

7

照顧孩子
不過界

　　因工作關係，每到一處跟父母們分享，他們大都承認自己溺愛孩子，但卻不懂得如何愛得有界線。像他，那天就很直接了當問：「為人父母愛孩子是肯定的，只要孩子喜歡，甚麼事情都願意幫他做，那怎算過度？」

　　孩子要甚麼就給甚麼；孩子想父母幫他做甚麼，我們就幹甚麼。**孩子想的、懂得做的，我們全幫他去實現，那就是過度了。**而現代父母最容易愛過了界，常替孩子代勞的有四大範疇：

　　過度照顧：孩子明明懂得穿衣綁鞋帶，我們卻要幫他穿替他綁。明明揹得起書包，我們卻幫他揹。在街頭見過一個菲傭姐姐，一手提書包，一手拿球拍，背上還有個大提琴，

但長得牛高馬大的少爺卻是大搖大擺在街上走，無動於衷。

過度負責：做功課明明是孩子的責任，但因孩子不懂做，又常出錯，父母索性代筆代計，到頭來孩子的日常課業成績當然不俗，但一到考試就見真章，那時補救已來不及。

過度保護：現代父母常擔心這憂心那，總把孩子規管在視線範圍以內。這對年幼的孩子是必須的，因為他們還沒懂得自我保護。但隨著孩子年歲漸長，讓他在街上「踩單車」，坐巴士上學，甚或到同學家等等，都要逐步容許，這樣孩子才能獨立成長。若長期把孩子困在身邊，只怕他變得膽小畏縮，日後甚麼地方都不敢去呢。

過度出頭：孩子在學校闖了禍，父母就會出頭代他申訴。孩子沒被選上成為校隊，父母就出頭為他說項。最後，父母成了孩子的代言人，孩子更不懂承擔為何物。

為人父母，愛顧孩子天經地義。但若過了頭，就會誤了孩子，妨礙他獨立，不可不慎！

親子互動 鬆一鬆

做還是不做?

問問孩子

有些事情你不想做,但卻是爸爸媽媽很想你去做(或學)的,如彈琴、學英文,你會:

a. 向公公婆婆投訴,希望他們為你解圍。

b. 每次爸媽要你去做時,你都堅持說不。

c. 知道既然爸媽想我做,一定對我有益處,嘗試一下吧。

d. 無所謂,最重要是做了之後有甚麼獎品。

參考這回應，與孩子傾一傾

a. 嘩！推出「公公婆婆」來，爸媽可能無計可施，但也會很傷心，因你不先知會他們一聲。

b. 很有主見，但也得聽聽父母意見。

c. 你的爸媽有一個這麼聽話的孩子，一定十分感動。

d. 稍為計較了點，如果無獎品呢？

給家長的便條

孩子的脾性，總希望要立刻便有，對於要努力才有收成的真理，是要慢慢學習的。現代心理學者發現，自小鍛煉孩子延遲滿足（delay of gratification），比訓練他成為一個更聰明伶俐的孩子，是更重要的，也更能幫助他適應成人新世界。讓他學習做自己不做想的事，是訓練的第一步。

8

對孩子狠心

　　為人父母，有時得學學狠心。許多時候因為我們夠狠心，孩子才學會獨立。記得某年在美國某商場餐廳，見到這樣的一幕：

　　一位媽媽帶著一對子女坐到我的旁邊，然後媽媽囑咐小兄妹說：「我去買食物，哥哥要看著妹妹啊！」哥哥點頭，仍在襁褓的妹妹則咿咿阿阿在嬰兒座上叫喊。怎料媽媽走了沒多久，妹妹就一骨碌從座位上倒下，大哭起來。那媽媽很快便出現眼前，哥哥哭訴說：「她不知怎的跌倒了！」看著額頭腫了一大塊的女兒，她仍保持鎮定地說：「先把妹妹抱起來，安置她坐下！」然後安撫那大哭的小女孩：「沒事的！回家塗藥膏

就是！」

　　看在我跟外子眼裏，真佩服這位母親的鎮定與狠心。換了在香港，那媽媽一定不會獨個兒去買餐，回來更可能會大罵兒子。這是兩地文化的差異，也是兩地教養的不同。

　　認識一位在外國受教育的年輕媽媽，孩子懂得學爬學走，就把他放在客廳的大圈圈內，給兒子一本書讓他自揭自讀。

　　難道孩子不會哭鬧嗎？

　　「起初會，但會逐漸適應，只要我們不把注意力全放在他身上！」這就是我說的**狠心，就是大膽放手，不要時時刻刻讓孩子成為我們生活的中心**，不要見到孩子有事便大驚小怪斥責別人，不要隨問隨給，而是要孩子學習延遲滿足與等待⋯⋯

　　為人父母的，有時需要狠心不理孩子，讓他在安全的地方學習跟自己玩玩。

　　有時需要狠心不幫孩子，讓他獨個兒學習做自己的

功課。

　　有時需要狠心不答應孩子，讓他明白許多事物不是「一說就有」，是需要努力耕耘的。

　　記得女兒申請去美國唸書，我的回應是「要自己找大學資料自己申請」。至獲大學錄取，眼見身邊友人多陪孩子上領事館，我卻硬著心腸說：「如果今日能不用父母陪，獨自去申請簽證，就證明他日你可獨立在美國生活！」結果孩子是高高興興拿著簽證回家。

　　過去的事例屢屢告訴我們：狠心，是現代媽媽教養孩子獨立的基本功。

狠心，
就是大膽**放手**，
不要時時刻刻讓孩子成為
我們生活的中心……

9

父母的七個「不」

這天在講座中，問一個小朋友：「平常在家裏，有否幫媽媽做家務呢？」他有點大惑不解，對「家務」這個名詞有點摸不著頭腦。

「就是指掃地、吸塵、收拾房間……等等！」

他笑笑回答：「媽媽說，最重要的是把書唸好，其他不用管。」

相信，這也是不少家長跟孩子的「協議」。只要他專心讀書，懂不懂做家務，能否獨立等等，都是次要的。

曾請家長寫下一些攔阻孩子獨立的家長惡行，收集回來，發覺可歸納成以下七個「不」：

不知道：孩子從不知道他有責任執拾家中的物品，因為媽媽總是說「讀書最重要，其他事不用管」。

不需要：無論上學前「執書包」，揹書包，都有父母或傭人打點，根本不需要孩子操心。

不允許：聽過有孩子告訴我，媽媽不准他踏進廚房半步，只要他乖乖坐在書桌旁溫習。

不相信：雖然孩子多次要求，但父母不相信孩子的能力，不相信他做得到。聽過最誇張的例子，是父母不相信孩子懂得使用金錢，一直不給零用錢，孩子一身的衣服都由母親購買；雖然孩子已步入青春期，仍沒試過獨自外出，或去過任何商場跟同學閒逛。

不安全：父母總覺外面的世界太危險，孩子留在自己身邊總是最安全，變成過度擔心孩子有意外，而不讓他騎腳踏車，或做帶點危險的活動。

不放手：為人母親的咱們最容易有這個問題，就是太愛孩子，捨不得放手，總是要黏著他。

不知何法：可能是孩子反叛，父母也拿他沒辦法就

索性不管不理，但這樣只是放縱孩子，可不是訓練孩子獨立呢。

跟父母分享這七個「不」，很多都有共鳴，但又不知如何戒掉。**其實，改一下我們的口頭禪，從「不要這樣那樣」改為「不如試試這個那個」。**孩子能做的事情，盡量讓他做。孩子想冒的險，在安全範圍，盡量給他冒。即使失敗，他也學會面對失意的功課。

試試吧！

II

問 極都唔 答 ?!

溝通與品格
的建立

10

溝通時避免各走極端

　　這天，在臉書的信息中，收到一位讀者向我盡訴她的煩惱。跟往常一樣，看罷留言，總會加一兩句鼓勵的話，如「看開一點吧，事情總有轉機的」，又或者「他這樣對你，可能有他的苦衷」之類的話。

　　怎知對方一聽，就連珠發炮說：「你就好啦，有幸福的家庭……是不會明白我們這些人的苦處的！」又或者：「他有苦衷，我也有啊，為何總是幫著他……」跟著的留言，都是「一面倒」的走向極端。我這個網上的局外人，也只能大歎無奈。

　　人與人之間的溝通，無論是上司下屬，或是親人之間，最忌諱的事情，是各走極端，

也就是俗話說的「想埋一邊」。

為何「不用打罵的方式跟孩子溝通」就一定是「好聲好氣的縱容」？用溫柔堅定的語調跟他陳明利害，也是一種在中間落墨的說話方式。

為何「要求孩子晚上外出要打電話回家」，就一定要變為「他現在有毛有翼，甚麼都不能管」這樣絕對呢？可以用他接納的方式如 WhatsApp 問他正身在何方，大家一同報報行蹤。如果老爸加班回家途中正好在孩子附近，還可以接他一程。

為何「跟孩子談話他總是十問九不回答」，就要瞬間變為「他有他的世界，我有我的未來，各不相干」這樣決絕？孩子不願說話，總有他的因由，有時是被窮追猛問也為了怕煩而不發一言，有時是因為同儕的問題，孩子為了保護別人私隱而不願透露。最重要的是，家長千萬別被孩子一臉酷樣嚇怕，我們的關愛心意，他還是能意會的。

愈來愈覺得，怎樣防止「各走極端」的行徑最有效？

首推小組分享與學習。記得多年前的自己，也是通過成長小組的分享、上課的學習，而逐漸看到自己溝通的盲點，認清孩子的個性特質，從醒覺中逐漸改變。至今數十載了，仍持守箇中要訣：透過閱讀的亮光，知心諫友的提點，個人的安靜自省，缺一不可。

人與人之間的溝通，
無論是上司下屬，
或是親人之間，
最忌諱的事情，
是各走極端……

11

欣賞鼓勵不嫌多

　　很多媽媽跟我說，孩子不生性，久罵仍不聽，威嚇也不驚，怎麼辦？

　　怎罵？「看你，書不會讀，就只會打機，難道打機打成世？」（孩子聽到，會覺得媽媽看扁他，覺得他沒有前途。）

　　怎嚇？「你再不生性讀書，沉迷玩手機，有天我會把你的手機沒收，看你怎樣？」（青春期的孩子生得牛高馬大，你以為沒收他的手機，他總有辦法奪回。）

　　孩子不聽話，是因為他不想跟我們溝通，因為他們聽到的，都是指責督促他們的話。試想想，如果咱們每天在辦公室都

是被老闆指著來罵，我們會開心並樂意改進嗎？孩子也是一樣。

　　綜合多年經驗，總是覺得鼓勵比指責有效。問題只在，如何說出鼓勵的話。

　　首要的是「說中亮點」，就是孩子的行為表現出來了，即當下具體稱讚，如：「看到你這個學期提早做了時間表，並按表溫習，真有紀律！」而不是胡亂稱讚一番，不然孩子反而會覺得我們欠缺誠意。

　　其次是「間中出招」。太頻密的稱讚鼓勵，跟太頻繁的責罵一樣，孩子會聽膩。倒不如久不久才讚他一兩句；這些出於真心的讚美，孩子是聽得出的。鼓勵的話，如「我相信你做得到」、「我對你有信心」、「我以你為榮」等等，說了出來孩子會銘記於心。

　　跟著的，便是「反話的讚美」，也是最近才學會。就是某趟，一個女學生低著頭跟我說：「老師，我的作文很差勁，就是寫不出來！」那天，她真的只寫了一行字。但經過逐步的鼓勵，如跟她說：「試試看多寫一行，

你可以的！」日子有功，看到她在逐漸進步。至某天，我帶著微笑走近她，説：「你騙我？」她瞪大了眼睛，滿臉不解。

「因為你曾跟我説，『作文很差勁』，原來是假的，我還信以為真！」沒想到這種「曲線欣賞」，得到的是她甜甜的微笑，跟那天寫出了十四行文字的進步。

所以別小覷你的鼓勵，那力量可大得很呢！

綜合多年經驗，總是覺得鼓勵比指責有效。問題只在，如何説出鼓勵的話。

12

低頭不語
的孩子

　　他該是媽媽帶來聽講座的孩子，一直低頭玩手機。
見狀，我故意把咪遞到他面前：「小朋友，你叫甚麼名
字？」

　　他一言不發，依然在玩他的手機。

　　「請告訴姨姨，你叫甚麼名字？」

　　他依然在玩。身邊的媽媽推推他說：「說啊，
你叫甚麼名字⋯⋯」男孩仍無動於衷。

　　近年在不同講座中，這樣被小男生「派檸檬」
的事件多的是。

　　家長對此反應不一。有些說孩子生性害
羞，也有些說：「不知怎的，孩子就是對著
『咪』就不講話。」這些都有可能，但看著

他們對手機的專注沉迷，擔心他們已患上手機上癮症。

　　如今，手機上癮已是比「對著電腦打機」更普遍的現象，亞洲各地早有調查證明。據南韓一個調查顯示，百分之二十九點二的青少年每天嚴重依賴智能手機，較成年受訪者的上癮比率高逾一倍。雖然香港沒做過類似的大型調查，但雖不中亦不遠矣。

　　其實孩子如是，父母又何嘗不是呢？但不同的是，這一代的孩子，是網路社會的「數位原民」（digital native），跟我們半途上手的不一樣。他們無時無刻對著手機，得到的後遺症可能是：近視、頸肩痛、手指麻痺、易生危險（如過馬路時專注手機，忽略周圍環境）、焦慮（沒有手機感焦躁不安），甚至不懂抬頭跟人面對面溝通，造成日後的溝通障礙。

　　所以，每逢工作中碰到幼稚園的父母，總會苦口婆心勸他們，盡可能延遲把手機送到稚齡子女的手上，多跟孩子接觸大自然，培養他的多元興趣。

　　至於年紀較長的，開始玩手機了，還是可以訂立規

矩，如限時、限下載量、玩甚麼遊戲等。**但先決條件是，家長也不能沉迷手機，否則孩子有樣學樣**。其次是智慧，我們要比智慧型手機更有智慧跟孩子溝通，了解他所沉迷的手機世界，跟他溝通辨別，不能一味禁制，而是教他懂得分辨與保護自己。

　　始終相信：孩子低頭不用愁，智慧面對就無憂！

但先決條件是，
家長也**不能沉迷**手機，
否則孩子有樣學樣。

13

孩子，
為甚麼不愛說話

　　在澳洲有機會跟那邊的華人家長見面，談到的其中一個共同問題，就是青少年期的孩子回家以後，特別不愛跟爸媽說話。而感覺最難受的，通常是媽媽：「我的兒子已經十六歲了，每天下課回家，問他甚麼總是支支吾吾了事，多說一句也不願意，然後就跑進房間玩他的電腦手機，到吃飯才出來！」

　　那孩子的爸爸呢，兒子願意跟他聊嗎？

　　「他比兒子更糟糕，回家總是沉默不語，問他也是不回答⋯⋯」難怪，她感覺在家中，就是一個人對著空氣說話。

　　只是，這些對白，卻是似曾相識。因為，香港不少媽媽們面對青少年期的孩子，這也

是她們最感頭痛的問題。

青少年孩子為何不愛跟父母聊天？面對這樣的問題，我愛從咱們的青蔥歲月問起：「**想想咱們的青春期，是否會把每天發生的事情都巨細無遺向父母報告？**」

家長一聽，不語。

有好幾趟跟青少年接觸的時候，也問他們：「在家裏，有沒有跟父母分享心事見聞呢？」他們都在搖頭。後來細聽年輕人道來的原因，不外幾個：

最怕一說，媽媽就會像偵探般打爛砂盆問到篤，讓他們覺得很煩。

孝順點的，會覺得自己的煩惱自己擔當，明白爸媽每天已很辛勞，不想他們擔心。雖然會這樣想的孩子，不多。

另外一個，就是他們憋在心中的事情可能涉及同儕的私隱，總是要保護的，不能隨便讓「別人」知道。又或者，若他們跟同儕的關係出現問題，一旦告訴父母，帶來的後果可能是父母對此人有了「成見」，攔阻他們

交往等等。

　不少媽媽跟我説：「孩子就是不愛跟我講話，好難過啊！」而「講話」的定義，就是像小孩子般跟媽媽報告行程，問一句，答十句。面對她們，我只有苦口婆心地勸説：「兒子長大了，獨立了，有自己的朋友，自己的世界！簡單的回應已是一種溝通呢！」

　孩子，為甚麼不説……因為他們長大了。

婆婆手中的
魔法棒

　　孩子年幼的時候，每個星期最愛的活動，就是跟婆婆到街市買菜。婆婆是個交際能手，街市每一個攤檔，老闆叫甚麼名字，日常生活如何，婆婆都能如數家珍般說出來。所以孩子回家總會向我匯報，婆婆跟誰誰誰聊得興起，人家又給她打折。

　　對孩子來說，婆婆手中好像有一根魔法棒，身邊的陌生人都可以被點「中」，與她成為好友。只可惜，婆婆在我女兒四歲那年就中風過身，否則孩子會看到婆婆這根魔法棒的威力是如何無遠弗屆，上至商界名流，下達攤販侍應，都會著魔。

　　對我來說，年輕的日子，常被母親這

份對人的熱情嚇怕，為何買區區一條毛巾也會跟攤販談十五分鐘？怎麼曉得，如今的我就像是媽媽的翻版，舉凡到茶樓喝茶見到侍應，坐車跟的士司機聊天，見到誰都可以侃侃而談。孩子看在眼裏，總是掩著嘴巴在笑。

怎麼曉得，最近見到婚後的她，不時跟我分享購物待人的經歷，竟如「倒模」般。她也愛跟身邊的陌生人打起交道來，跟過往那個躲在媽媽背後的小女生判若兩人。

「孩子，怎麼突然變得這樣大膽？」

「因為小時候見到你愛跟陌生人聊天，耳濡目染久了，自然也受影響啊！」

婆婆的魔法棒真厲害，昔日不經不覺的點中了我，沒想到這魔力仍會延續至下一代。說穿了，這就是身教的威力。

為人父母的，總以為耳提面命地提醒，孩子一定會聽。其實孩子的眼睛是銳利的，如果我們單說不做，孩子看在眼裏，懷疑在心裏，就變成「你說一套，他做一

套」了。

　　所以，當一些父母問我怎樣能讓孩子愛上閱讀，答案是父母要先愛上閱讀。如何令孩子不再沉迷手機？答案是我們也不要成為手機的奴隸。如何讓孩子知道要努力用功？就是我們也有個人追尋的夢想，並且願意排除萬難奮力實現⋯⋯凡此種種，都是可以影響孩子一生的身教，也是我們手中最有力的魔法棒。

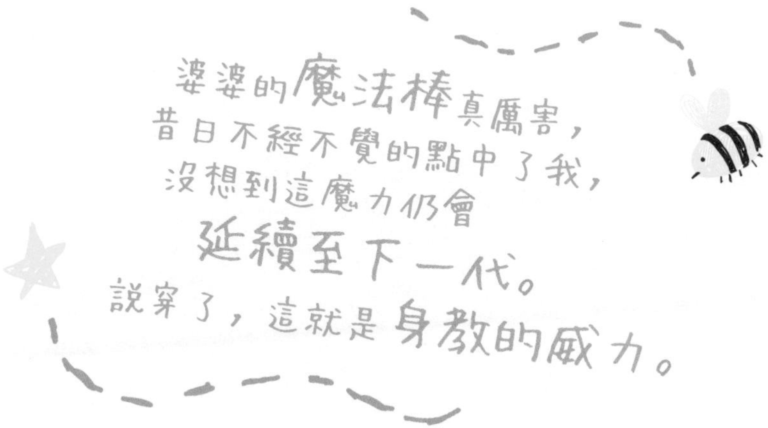

婆婆的魔法棒真厲害，
昔日不經不覺的點中了我，
沒想到這魔力仍會
延續至下一代。
說穿了，這就是身教的威力。

選擇新朋友

問問孩子

如果要你選擇一個新朋友，你覺得甚麼最重要：

a. 他有很多新玩意。

b. 他很漂亮、
很聰明能幹、
見識廣博。

c. 他很聽爸媽話。

d. 他對你很好，
心地也好。

參考這回應，與孩子傾一傾

a. 那要他肯跟你分享才行。

b. 請留意！朋友不是補習老師。

c. 很好，但對你呢？

d. 你在難過的時候，他必會走來安慰你。

給家長的便條

趁此機會，試試孩子的價值觀。試了解他心中怎樣塑造對他人的評價，然後嘗試循循善誘，從而改變他。當然，父母也得以身作則，讓他耳聞目見父母所交的朋友，也是著重友情，而非著重錢財。

15

有樣學樣？

　　小孩，是會模仿大人的。特別是爸爸媽媽。

　　爸爸回家如果只顧看電視，瀏覽臉書，孩子見狀就會有樣學樣。

　　媽媽如果心情不好就亂發脾氣，孩子就會「照版煮碗」。許多時候，我們會發現孩子生氣時說的，正是我們用的詞彙。記得孩子唸幼稚園時，有天突然跟我說：「媽媽，真是豈有此理⋯⋯」我反問她從哪兒學到，她瞪大眼睛說：「你生氣時不是常這樣說嗎？」那刻我立即閉嘴，並告誡自己在孩子面前不得放肆。

　　記得某年，在學校教興趣班時，出現一個很難對付的學生，他常常在班上無故搗

亂。試過硬的不行，軟功也不吃；每趟跟我對話，都是毫無禮貌，「聲大夾惡」。直到某天，有機會見到來接他的媽媽，她劈頭一句就是：「我的孩子又做了甚麼壞事？你有何證據……」真是先聲奪人，看得出她的兒子就是媽媽的翻版。

所以**跟家長談到親子教育時，我常說最重要的不是技巧，而是我們是否「講得出，做得到」：**

如果要求孩子生活有規律，咱們卻晚睡晚起；

如果要求孩子有節制，我們在大減價時卻揮霍無度；

如果要求孩子有禮貌，我們卻對上一代呼呼喝喝。

孩子覺得我們講一套做一套，特別是當他進入青春期，更會不以為然。

曾經，為要了解自己在孩子心目中，回家以後是個怎樣的媽媽，就跟她在飯後玩「角色扮演」遊戲，請她今天扮媽媽，明天扮學校最喜歡的老師，後天扮家中的菲傭姐姐。年幼的孩子最愛這遊戲，而為人父母的，會像照鏡般看到自己怎樣對待孩子。記得友人曾告訴我，

孩子扮她怎樣叉腰罵菲傭，她始發現自己惡起來的樣子很可怕。我也是跟孩子玩角色扮演時，發現家中的菲傭姐姐總是在講電話。

　　孩子，真是會有樣學樣的。我們若活出好的榜樣，自然就不用費那麼多唇舌說教，孩子也在每天與我們相處中耳濡目染、潛移默化，最後被我們感染薰陶啊。

跟家長談到**親子教育**時，
我常說最重要的不是技巧，
而是我們是否
「**講得出，做得到**」

16

一起定界線

　　在悉尼拜訪了年輕的表姨甥一家，他跟太太結婚多年，育有三個孩子，分別是四歲、六歲及八歲。本以為三個男孩的家，一定嘈吵凌亂不堪，但這天到訪，卻驚訝這家居井井有條，三個小男生各自各在安靜閱讀。

　　我的出現，打擾了他們的安靜時間。但在媽媽一聲「叫人」之下，乖乖喊我 Auntie。我忍不住問他們：「你們都愛閱讀嗎？」

　　三個小鬼都點頭。

　　「那你們將來想做甚麼？」這問題其實是衝著八歲的大哥問的，沒想到三個小鬼都回答。

　　大哥：「我愛繪畫，想當一名插圖師。」

　　二哥：「我愛科學，想當科學家。」

　　四歲的小弟也不「執輸」，說：「我愛畫圖，要當畫家！」

　　答得十分自信，且頭頭是道。讓我忍不住問他們的媽媽：「怎麼他們都不用戴眼鏡？不會打機嗎？」

　　她看了我，笑著回應：「他們只准在周末打機，而且有時間規定，平日是每天都要閱讀的⋯⋯教孩子一定要有界線！」

　　完全同意。界線是最重要的，做人要有底線，這個年代，為人父母更要為孩子定界線。

　　怎麼定？最好父母雙方齊訂立，特別在那些孩子會沉迷的事情上，更要果斷堅決，且寸步不讓。但更重要的，是向孩子解釋規矩要求。我的表哥表嫂（就是表姨甥的父母）都是開明人，凡事講道理，不會貶抑孩子，所以教導孫兒也是如此。表嫂告訴我，大孫兒本來寫字斜斜歪歪的，她就拿來幾本閱讀的書，請他看看每一行

字都是整整齊齊的，告訴他這才是「正確方法」。這位嫲嫲更勉勵他：「你可能年幼不懂，但相信你能做得到！」結果孫兒很快把字寫得端正。

　　其實教養孩子，規矩界線不用定得太多，但要持之以恆、立好榜樣，要求孩子遵守時，自己也遵守。更難得的是，孩子的老爸也是一個極有紀律的人；每星期盡量抽時間回家陪孩子，謝絕一切無謂應酬，並堅決相信將三個男孩教育好，是他責無旁貸的任務。

　　我終於明白為何他的孩子會如此自律自制了。

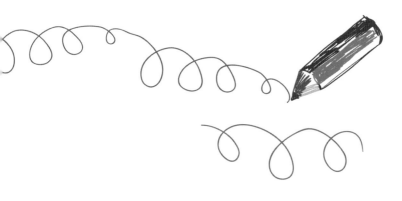

17

道理，應怎樣講？

父母最愛講道理。怎講？

第一式叫「不斷提點」。早上起牀，要求他叫「早晨」，下課便提醒他要「努力溫習做功課」。這本是好事，但青少年聽得太多，會覺得厭煩。

第二式叫「借題發揮」。如看到一則新聞，「某少年沉迷打機結果暈倒在家」，就會在餐桌上問孩子：「有看過這則新聞嗎？知道沉迷打機最後會變成怎樣？」說是討論，其實是「指桑罵槐」。

第三式叫「直言質問」。就是對孩子不滿質疑的時刻，索性直斥其非，「你知道自己的成績為何愈來愈差？」、「你再這

樣懶散下去一定考不上大學！」、「你這樣亂花錢，明白父母怎樣辛苦賺錢嗎」等等。這些話聽起來都有道理，但孩子未必會聽，更不愛聽。

說真的，跟孩子講道理是一門藝術。

試問，誰愛天天被人「單打」、追問、處處提醒我的弱點錯處在哪裏，或天天接受負面評價？坦白說，誰不愛聽那些讚賞的、風趣的、幽默的、充滿正能量的話？孩子更不例外。這不是說胡亂讚賞，或有事沒事都說「好」，而是學習另一種跟孩子講道理的技巧。

像一位爸爸知道孩子想學柔道，但又覺得他過往對任何興趣都只有「三分鐘熱度」，便跟孩子約法三章，要求他若學的話起碼要學兩年，否則不依。但更重要的是，當孩子踏足柔道班前，爸爸拍拍他的肩膀說：「孩子，我信任你的選擇！你一定做得到！」這樣的支持信任，勝過千言萬語的提點。

又如孩子要出國留學，為人父母可適當地提醒孩子「絕不能碰毒品或沉溺酒精」等底線，但同時需接納青

少年會對外面的世界充滿好奇，甚麼都想試試的心態。到底孩子大了，跟他談人生理想、交友戀愛等大方向是必須的，至於怎樣「執牀執房」等小事情，就別再跟他囉唆了。

　　總之，若孩子覺得我們是值得信賴的、開明的、可無所不談的父母，我們講的道理，他總會聽！

說真的，
跟孩子講道理
是一門藝術。

18

禮貌，是可以教出來的！

　　每年，我都有機會教小學的創意寫作班。十多年來，也教了不少學生。

　　話說某天，在超市裏面突然聽到有人在大聲喊：「羅——乃——萱」，那聲調簡直震懾全場。回頭一望，見到一位太太拖著小男孩走過來，跟他說：「這就是你的寫作班老師羅乃萱，叫『羅乃萱』啦！」

　　小孩低頭不語，媽媽仍在催他：「叫羅乃萱啦！」

　　「不，是羅老師！」我終於忍不住了，我可真是教過他的老師啊。

　　別以為我的遭遇很「例外」，曾有校長告訴我，她學校有些家長，面試時禮貌周周，

至孩子考進了學校，便連招呼也懶打。唉！

所以我一有機會，總會勸誡家長，看重孩子成績之餘，也要著重培養他的禮貌。一個沒禮貌的孩子，就算多出眾，也不會受人歡迎。

至於怎樣培育孩子有禮貌，最好從日常生活做起。好像早上見到看更叔叔，有否微笑著對他喊聲「早」；見到學校嬸嬸為我們開門，有否說「唔該」；當孩子在超級市場推著購物車時，有否教他「讓路」給人；在街上騎腳踏車撞到別人，有否要求他向對方說「對不起」；到朋友家玩樂時，有否要求孩子把玩過的物件都放回原處……這些都是禮貌。

不過，孩子的眼睛可是雪亮的。**當我們要求他學習禮貌的當下，他們也會觀察父母是否言行合一**，還是人前一張臉，人後一張臉。

通常，以禮待人，別人也會以禮回應。但若被冷漠對待，還需要堅持禮貌嗎？記得孩子年幼時，曾遇上一個冷漠的鄰居，無論怎樣微笑打招呼，對方都冷面相待。

孩子問怎辦，我就說：「主動以禮待人是應該的，哪管對方怎樣待我。」所以一年下來，咱們見到這冷面鄰居，仍會點頭招呼。直到某天，見到她終於對孩子報以微笑，我跟孩子說：「她準是被你的笑容感動了！」

　　教孩子禮貌，一定要以身作則，並持之以恆。孩子看在眼裏，自然一教就會！

19

同理心的培養

　　教導孩子寫作的時候，最愛引述露宿者阿溫的
故事：

　　阿溫是誰？就是我當雜誌編輯時曾訪問過在九
龍城寨的露宿者。還記得第一次見他，他的頭垂得
低低的，不言不語。至探訪多次以後，他聽到我
的英文名叫 Shirley，回應也親切多了。探訪了他
半年以後，我們就成了好友。偶爾，他會到辦
公室探我，還送我一個親手做、用鐵絲勾成的
"SHIRLEY"，收到那刻十分感動。最後一次
見面，該是請他到茶餐廳喝下午茶，我出其
不意拿出錢包，將家庭照遞給他看。沒想
到他也拿出自己的錢包，給我看他與妻兒

的合照……最後一次接到他的電話，阿溫告訴我，他被抓進精神病醫院，偷偷出來跟我聯絡。說了沒幾句，電話就掛斷，阿溫從此銷聲匿迹……

這是在寫作班上，跟孩子分享的故事，我會請他們寫短文回應。其中一個寫：「羅老師仍很掛念阿溫，説的時候眼泛淚光！」是啊，孩子對人的感受很敏銳，特別有推己及人的同理心。所以常説，**要培養孩子的同理心，一定要從小做起。**

跟他們分享自己親歷其境的故事是一個方法，也可以跟他們玩角色扮演。如請他們扮演學校某位他不喜歡的老師，父母就扮演他的角色，彼此對調之下，如「穿上對方的鞋子」，設身處地投入對方的世界，可能會對對方萌生多一分的體諒。

當然，更深刻的教育，是父母的以身作則。如父母若遭受委屈對待，是怎樣面對那些看似無理取鬧的人？會否氣在心頭向對方出言不遜？還是會設身處地跟孩子分析，「方才那位姨姨大發脾氣，可能是媽媽説了甚麼

惹她生氣，或她可能身子太累變得脾氣暴躁，或在別的
地方遇上『激氣事情』等等，都有可能呀」？能這樣解
釋，就是向孩子作了優良的同理心示範。

　　這個年代，孩子都偏向自我中心，目中無人只有「自
己」。培養他們的同理心，是引導他們從「我」走向「我
們」的世界。

要培養孩子的同理心，
一定要從小做起。

親子互動鬆一鬆

新同學風波

問問孩子

你班裏來了一個新同學，他坐在你旁邊，又頑皮，又不留心聽書，還常常在上課時逗你聊天，你會：

a. 告訴老師，要求換座位。

b. 告訴他上課時不要講話，因為你想專心聽書，下課後才跟他交談。

c. 請班長勸誡他。

d. 不理會他，他便自然不再搞你。

參考這回應，與孩子傾一傾

a. 老師安排你坐在他旁邊，說不定是想你幫他呢，而且小朋友的事最好還是自己想辦法和解，毋須常常出動老師。

b. 你若以身作則，他也可能被你感化而改變。

c. 班長會記他名，他豈不是很慘！

d. 他的行為可能是想吸引你，想與你做朋友呢。

給家長的便條

我們生活周遭，常有些不討人喜歡的人，他們之所以有某些令人不快的舉動，可能是想吸引（或抗拒）別人。不過，很多時候，以真誠與關懷定能融化他們冰冷的心。孩子也需要學習這功課。

20

孩子戀愛了？

「孩子戀愛了！」

青春期孩子的家長，聽到這個消息反應如何？立刻禁止？當若無其事，覺得這種「小狗戀愛」（puppy love），遲早玩完？還是覺得該是時候跟孩子談談交友戀愛的信念準則？

記得多年前，這曾是一個家長教師會邀請我去講的題目。既然邀請了，我就侃侃而談戀愛真義，怎知當時的家教會主席大不認同，覺得「中學生不宜談戀愛」，那場講座最後不歡而散。那時才驚覺，甚麼年代了，家長還會以「影響學業」為由，禁止孩子談戀愛。

其實，**孩子戀愛了，表示他步入青春期，**

對異性發生興趣，是很自然的事。為人父母的，切忌大驚小怪。我們愈當是一回事，孩子就愈加遮遮掩掩，甚至發展「地下情」。

説來，孩子是不會將戀愛事宜稟告父母的。原因？當然怕他們尋根究底窮問不捨，過分緊張而誤了美事。不過父母最難適應的，可能是孩子對答簡短，常躲在房中講電話，來無影去無蹤的行徑。不少父母都説：「孩子從小甚麼都告訴我，為甚麼現在變了另一個人？」將問題歸咎在孩子的戀愛對象身上，是最容易觸發彼此的衝突。

面對這些心焦如焚的父母，最好的方法是「轉移視線」，請他們想想自己年輕的歲月，可曾受過上一代攔阻他們談戀愛。那時父母説了做了些甚麼讓他們反感？會否成為一個警惕，別重蹈覆轍？想著，他們多能設身處地明白孩子的處境。

繼而，就是將「危機化成契機」。孩子戀愛了，正是最好時機，跟孩子談談戀愛是怎樣一回事，怎樣交友

戀愛約會，作為男性或女性在戀愛時該怎樣（如男孩要
學會如何尊重，女孩要學會控制情緒不致痴纏等），都
是為人父母可以跟孩子分享的。如果有，當然最好讓孩
子聽聽我們的「失戀祕史」；這些親身故事孩子一定愛
聽，且銘記在心。

　　請記著，孩子戀愛了，沒甚麼大不了！我們要有心
理準備就行！

III

講 極 都 唔 明 ?!

情緒與衝突
的處理

21. 孩子不要媽媽了？

四歲的兒子，在家裏最黏媽媽。媽媽曾是職業婦女，生下他後，便辭掉工作，直到兒子上幼稚園，才重返職場。

這天，見到媽媽上班，他就大哭：「媽媽，不要上班！」那種嚎哭，她看在眼裏，痛在心底。怎知下班回家，推門見到孩子，想給他一個溫暖的擁抱，卻被一手推開：「你離開我，你不是一個好媽媽！」看著孩子失望憤怒的眼神，她不禁自問：「我真的不是一個好媽媽嗎？」這是幾位媽媽最近跟我談的話題，就是如何面對孩子的拒絕。

其實類似的情節，剛生了孩子再上班時，我也曾經歷。還記得頭一個月最難適應，因

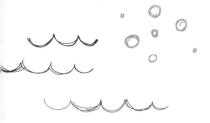

為回家抱孩子，她便大哭；一到菲傭姐姐懷抱，就安靜下來。對我這個新手媽媽而言，女兒行動上的拒絕，簡直是令我妒火焚心，欲哭無淚。

但理性上，卻又明明知道，孩子行動上甚或言語上的拒絕，都不是真正的拒絕！只是一時情急，氣上心頭，隨口而出的話。事實是：過了一兩天，孩子豈不是又會奔回媽媽身邊，要我們攬攬抱抱嗎？**原來，被孩子拒絕，就是為人母最艱難的功課之一。**

孩子都是自我中心，總想大人依他。讓他去玩，幫她做功課，整天陪著他……若我們不依，他就會出盡法寶（如發脾氣、拒絕等），讓我們不得不從。

為人母的，最愛聽孩子撒嬌的一句話，就是「媽媽，我需要你！」又或是：「媽，沒有你不行……」這通常是孩子讓我們心甘情願當他們奴隸的殺手鐧。為怕失去孩子的寵愛，我們就把自己的需要壓抑，把管教的念頭放下，他要甚麼就給吧……

媽媽啊！萬萬不能！

倘若我們真的認定，咱們的個性適合當個雙職婦女，就瀟灑告別孩子上班去，他早晚會適應的！倘若我們真的明白一個好媽媽的定義是恩威並施，就別管孩子打甚麼分數，還是要管教與關愛並行！

　　請記住，被孩子拒絕只是一時，但得到的果效，卻令他一生受用。

原來，
被孩子拒絕，
就是為人母
最艱難的功課ぇ一。

媽媽，別罵我！

問問孩子

媽媽下班回家，一臉很不開心的樣子。你的功課做得
不好，她動不動便大聲喝罵你，你會：

a. 變得很乖很聽話，
怕再惹怒媽媽。

b. 大聲回答媽媽，
讓她明白扯大嗓子
講話真可怕。

c. 溫柔地問媽媽為甚麼不開心，
不時親親她的臉，
給她有意外驚喜。

d. 先不作聲，待媽媽心平
氣和後，再親近她，
與她聊天。

參考這回應，與孩子傾一傾

a. 這麼乖，可以再久一點嗎？這證明你可以又乖又聽話呢！

b. 也可以，但小心扯破嗓門，變「豆沙喉」啊！

c. 媽媽一定甜在心裏呢！但與爸爸商量合作，效果一定更佳！

d. 沉默是個好方法。

給家長的便條

慈母雖偉大，但也有洩氣生氣的時候。特別是今日的雙職女性，壓力更大。專家常説，不要把工作壓力帶回家，但有時也會「不在意」地放進公事包，帶了返家。淘氣的孩子，見媽媽不高興，可能會更頑皮來吸引她的注意。媽媽惟一能做的，是在最生氣的時候，先到外邊走走才回家，然後也盡量不要大罵孩子；又或可告訴孩子，媽媽也有生氣、不開心的時候，請他別打擾你。最好是另一半暫代照顧，彼此合作，以免勞神傷心，一「嗌」不可收拾。

22

孩子
主角夢碎

　　每一個孩子的心中，都有一個主角夢。我的孩子，也不例外。

　　記得每逢聖誕，孩子唸的幼稚園都會搞一個聖景劇。孩子最羨慕的，就是能當主角：約瑟或馬利亞。但每年的選拔她都落空，至最後一年，她求爸媽禱告，希望上帝會給她當主角，還她一個心願。咱們也就順順她意，但告訴她主權是在上帝手中。

　　結果，她被選上了，但不是主角，而是當「羊兒」——就是跟著牧羊人出場的其中一頭羊。她傷心極了，我安慰她說：「當羊兒才好玩，可以在地上爬來爬去，多自在！還可以擺『V』字手勢讓我們拍照呢！」讓她轉移

視線，別再發主角大夢。

　　這可能也是不少家長面對的困境：孩子很想站在台上，過過主角癮，或想出類拔萃，拿到冠軍，卻偏偏時不我與，技不如人。那該怎跟孩子說才好？

　　見過有些父母，會主動出擊向學校爭取表演機會或出賽權，甚至覺得不給自己孩子機會就是不公平，但學校未必就範（因為他們真的有權選擇啊）。也有一些是屢敗屢試，鼓勵孩子不斷爭取，總有天會爭取成功（這也得看看孩子是否真有興趣或天分，還是只得一個「想」字）。當然最理想的是，將這個主角夢碎的經歷，視為人生必經之路。**讓孩子明白，雖然當不上主角，當配角甚至閒角也有其樂趣**，甚至坐在台下，為台上的眾同學拍手加油，欣賞別人努力的成果，也是一種修養。

　　其實，年幼的孩子怎樣面對失意，跟父母怎樣詮釋有關。我們會告訴孩子，「因為老師偏心才不選你」？還是「那同學演得好，當主角是最理想的」？告訴她，「選不上沒關係，這兒沒人欣賞，一定有別人欣

賞你」？還是「這是一個寶貴的經歷，大家不如想想選不上的原因，是欠了努力、運氣，有哪些地方需要改善的……」？

仍記得孩子演罷羊兒喜孜孜奔跑回來的笑臉，雖然主角夢碎，但閒角的夢也很甜啊。

讓孩子明白，雖然當不上主角，當配角甚至閒角也有其樂趣……

23 拒絕上學的孩子

　　小明素來成績優異，但轉至這家名校之後，同學之間競爭激烈，未幾成績已追不上，開始拒絕上學，每天關在房間裏沉迷打機，爸媽都拿他沒辦法。

　　像小明這類突然拒絕上學的孩子，近年屢有所聞。每每碰到這樣的父母，我都會問同樣的問題：「孩子為何拒絕上學？」

　　聽到的答案多是：「不知道！」就算他們如何追問，孩子仍是不說。這也是可以理解的，因為孩子可能怕說出原因後，父母會大為緊張，到處為他張羅，重要的是讓他盡快回校上課，避免耽誤學業。但這往往欲速則不達，愈催迫孩子便愈抗拒。

年幼的孩子，拒學的原因比較簡單。如因不適應學校的新生活、跟陌生同學的相處，或對著一位嚴肅不苟言笑的老師，讓他不知所措等等。但青少年拒學的原因則較為複雜，可以是同學之間出現霸凌或嚴重衝突的情況，又或像小明的例子，成績突然從高峯滑落接受不來，或難以承受學業功課的壓力，自我要求（或父母期望）過高覺得無法達致，個人的心理障礙等。更隱藏的原因，可以是喪親，或父母關係出現問題，也說不定。

　　認識一位父親，發現青春期的兒子拒學後，覺得過往忙著工作，太少時間陪伴兒子成長，現在孩子有事，他責無旁貸。於是轉為部分時間工作，其餘的時間都用來陪伴兒子，帶他去球場打球，跟他談未來夢想，也談個人的少年憾事。孩子終於願意打開話匣子，跟老爸無所不談起來。停學一年多後，孩子最終返回學校上課，且考上心儀的大學，老爸也鬆一口氣。**問他用甚麼法子引導兒子迷途知返？他笑笑說：「花時間跟他相處，做回爸爸的角色！」**

　　面對拒學的孩子，與學校的溝通，父母的體諒支持，必要時加上專家輔導的介入，幾方面的因素缺一不可。而父母的主動聆聽接納，給予空間讓孩子逐步從拒學的漩渦中走出來，尤為重要。

問他用甚麼法子
引導兒子迷途知返？
他笑笑說：
「花時間跟他相處，
做回爸爸的角色！」

24

孩子別吵

　　已經不止一次，在街上、超市、食肆裏，聽到小童大吵大叫，父母總是無動於衷。

　　這天在電梯內，突然走進了一家四口。那兒子大概四歲吧，仍坐在嬰兒車上，一直哇哇大喊，孩子的爸就問：「他為何這樣煩躁？」旁邊的妻子説：「他累了！」是的，孩子累了，身邊的人耳朵也受罪了。

　　記得孩子小時候，如果無理大吵，我們第一時間會阻止她。怎樣阻止？如跟她説：「現在的聲量是十度，我們試試調低至七度，五度，四度……最後是一度」，讓孩子明白聲量是可以調校大小的。又或者，用轉移注意力的方法，如「去看看那家店的公仔」之類，將她帶離

現場。

　　當然，最難搞的現場就是玩具店，因為當中充滿誘惑。孩子見到自己想買的玩具，大吵大鬧要父母買是常見的。就像那天在玩具店內，見到一個小孩在大喊要買玩具，哭至呼天搶地。全店震撼之際，他的媽媽用溫柔堅定的聲音說：「停，出來！」把孩子拉到商場一個寂靜的角落，然後問他：「來逛商場之前，媽媽有否答應你會買玩具？」

　　「沒有。」

　　「那你記得媽媽來商場要幹甚麼嗎？」

　　「記得，買玩具給小明，因為下星期要參加他的生日會。」

　　「那你覺得這樣要求媽媽買玩具，可以嗎？」

　　「不可以……」

　　孩子在媽媽平靜理性的引導中，情緒逐漸平伏。這一幕，是我某天在商場「偷窺」看到的，一直銘記於心。

　　要孩子別吵，最重要的技巧有兩個，一是「事先聲

明」，像這位媽媽那樣，出門前跟孩子約法三章，讓孩子早有心理準備。更重要的是，她沒有被「時勢」所迫，反而繼續堅持原則。

當然，有些硬性子的孩子不肯聽從，又該如何？父母就要想到一些「後備方案」，如孩子必須使用零用錢買，又或者用積分換領（積分就是孩子有好行為就得分的積分計劃）。

其實，要孩子不吵，不難。最難的是，讓家長明白「孩子大吵」是個需要管教的問題。

25

管教不能
靠嚇

　　這天在一家食肆，又聽到鄰桌孩子的叫喊聲，始發現旁邊坐著一家三口，那孩子看上去也有四五歲。見狀，爸爸立刻阻止：

　　「別哭！」怎知，哭聲更響。

　　「你再哭，這兒的人會趕你走，不歡迎你！你瞧，那個哥哥過來了……」

　　孩子果然停了一下，未幾，又再大哭！

　　「好，我叫警察叔叔來，把你抓去差館！」

　　聽到這位爸爸步步進迫加壓，奇怪的是在旁的媽媽卻一言不發。

　　到底，面對孩子的大哭大叫發脾氣，靠嚇是否有用？

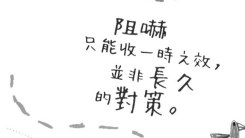

阻嚇
只能收一時之效，
並非長久
的對策。

　　總覺得，**阻嚇只能收一時之效，並非長久的對策**。面對孩子無理的哭鬧，最重要的是找出原因。而原因通常都是他有「想要」的東西，不能得逞，便用哭鬧來向父母追索。父母若因此就範，孩子就知道這是爸媽的死穴，以後就更難搞了。

　　面對這些聰明絕頂、懂得耍性子的小孩，父母要多動點腦筋，想想其他辦法。如走進餐廳，先跟他說明今天會點的菜，也可問問他有否想吃的。若他想吃三道菜，可跟他說：「每人點一道喜歡的菜！」讓這些專橫的孩子有個選擇的機會（但要聲明叫了就要吃，不許浪費）。

　　記得女兒年幼時，曾苦苦哀求我帶她去那些甚麼天地「擲公仔」，總之每趟去超市經過這個天地我就頭痛。苦無對策之下，某天趁著這個遊樂場還沒開門，就帶著女兒去「探訪」。然後，突然扮聽得見那些毛公仔說話似的，若有所悟，跟孩子說：「那隻兔兔見到凝凝（我

女兒的名字）來，覺得很害怕！」

「媽，你怎麼知道？」

「牠靜靜告訴我的。還跟我說，牠很想留在這裏，因他的豬仔朋友、海豚好友都在這兒，牠不想跟你回家⋯⋯」

「真的，牠也很可憐啊！」

「是啊，牠還哭呢！不如我們來這兒探探他們，打個招呼，不要拆散他們的家庭了，好嗎？」

女兒點頭，我的妙計得逞。

所以說，為人父母的，除了靠嚇，還有很多辦法可以安撫孩子的。

26

孩子焦慮時……

　　這個年頭，為人父母的壓力很大，真的！

　　像這天，見到一位憂心戚戚的媽媽，因為孩子進了新校不適應，交不到新朋友，第一次默書成績又不好，就擔心得哭起來：「沒想到她第一個月就這樣不適應，將來功課更深，壓力更大，怎辦？」聽得出，她的擔憂比孩子更大。

　　最近讀報，更得知有輔導機構調查本港小三至小六學生應付壓力及焦慮的指數，發現孩子的焦慮指數比二〇一二年上升百分之八，其中以小三學生的焦慮傾向為甚。調查一出，茅頭直指頭號來源是擔心成績不理想，以及怕遭家長老師責罵，其次是龐大的功課量。當然，

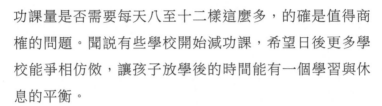

功課量是否需要每天八至十二樣這麼多，的確是值得商榷的問題。聞說有些學校開始減功課，希望日後更多學校能爭相仿傚，讓孩子放學後的時間能有一個學習與休息的平衡。

但更重要的是，如何幫助孩子減少焦慮？雖然調查沒說，但恐怕其中一個更內在的源頭，與家長的憂慮不無關係，特別是媽媽。

因為咱們女人就最愛胡思亂想，舉一想三。孩子一次默書不及格，就想到測驗認字會出現問題，最後就聯想到將來會「讀不成書」。其實，孩子可能在適應期，還沒摸清默書、測驗、考試的竅門。只要假以時日，他就會慢慢習慣。**做父母的，最重要是給他多點時間，多點耐心觀察，看他在哪方面的學習需要改進，而不是見到他一次失手，就以為他從此沒救！**

當然，更重要的是，我們是否立下了一個壞榜樣。為人父母的我們，怎樣面對突然而來的難關困境，是手足無措大驚小怪，還是鎮定應付從容面對？都是向孩子

的一個示範，孩子就會有樣學樣。

　　其實，孩子會感到焦慮，本平常事。我們需要學習的，是怎樣與他同行，如何為他打氣。曾有孩子告訴我，他最愛聽媽媽的鼓勵話就是：「盡力就好」。而別讓擔心過了頭，為孩子添了不必要的壓力，更是咱們為人母要堅守的界線呢！

做父母的，
最重要是給他多點時間，
多點耐心觀察，
看他在哪方面的學習
需要改進，
而不是見到他一次失手，
就以為他從此沒救！

27

勉強他？
不勉強他？

　　為人父母要教養這個溺愛世代，最難拿捏的就是勉強之道。

　　甚麼？勉強孩子怎行，他們會不高興的啊！而且，勉強有用嗎？那得看孩子正在哪一個階段，跟用怎樣的方法。

　　孩子一生下來，我們就要勉強他洗澡。至長大了一點，便要勉強他洗臉刷牙。再大一點，又要勉強他溫習讀書，上興趣班培養終身的興趣。到念完大學，更要勉強他出外找工作，不能留在家中「坐食山崩」。是嗎？

　　記得女兒小時候，曾逼過她學鋼琴。她一直不感興趣，因為彈的是她從來不聽的古

典音樂，至後來停學鋼琴卻又在學校團契當上司琴之時，她反過來感謝老媽逼她學琴，否則她不能有今天的功力當伴奏。**原來，當孩子覺得所學有用時，感覺就很不一樣。**

勉強這回事的進程就是這樣，起初孩子大皺眉頭不喜歡，但父母心中有數，知道這樣的堅持是為孩子好，也就責無旁貸要求下去，直至有天孩子會明白父母用心良苦。

又如對幼稚園的孩子，為人父母就要學習勉強他吃肉跟吃菜，吃自己愛吃的要試吃那不愛吃的，這樣才能飲食平衡。側聞現代的父母生怕惹孩子氣，孩子說吃甚麼就拚命給他吃，不吃甚麼就連一口也不用吃。在幼稚園從事教育工作的友人告訴我，現在「揀飲擇食」的孩子多的是，幸虧老師不放棄，在學校總是引導孩子吃東吃西，不管家長怎麼說（當然食物敏感者例外）。

當然，勉強也不能過度。打著「為孩子好」的旗號，強迫他們完全遵照父母的期望，就算勉為其難完成，

一旦脫離父母的「魔爪」，仍會選擇自己愛走的路。聽過一個年輕孩子的故事就是這樣，父母存心盼望他唸法律，至考到律師牌照，竟告訴老媽：「我完成了你的心願，現在要去追尋自己的夢」，把老媽氣個半死。

所以勉強是門學問，適度的勉強會讓孩子幸福，過度的勉強只會造成親子間沒完沒了的拉鋸。

原來，
當孩子覺得
所學的有用時，
感覺就很不一樣。

28

讓我們
一同哀傷

　　講座結束，見到她躲在一旁。等到人潮散去，她
囁嚅道：「孩子的爸剛去世了，一直都沒有把真相告
訴他。但他每天都問，爸爸去了哪裏……」說時，
眼泛淚光。

　　她的孩子仍在唸幼稚園，對媽媽的說法：「爸
爸去了老遠的地方工作」，半信半疑。

　　「他跟爸爸關係如何？」

　　「爸爸很疼他，所以才不敢講，怕孩子
傷心……」

　　明白的。因為我們很少跟孩子談到生
死，除非必要。

　　記得女兒五歲那年，疼愛她的婆婆離

開，我也曾這樣猶豫。

　　所以當孩子見到婆婆吞下最後一口氣時，她意識到有事情發生，之後問我：「婆婆去了哪裏？」那刻，我順口說：「她去了老遠的地方。」孩子不信，繼續追問：「那她會幾時回來？」後來，問過同路人，該怎樣將婆婆離世的消息告訴孩子，得到的答案是：找一個機會，讓孩子知道，婆婆不會回家了。

　　終於，找到一個彼此都能安靜下來的機會，告訴她：婆婆去了天堂。

　　「那天堂有誰？」

　　「耶穌啊！」

　　「除了耶穌，還有誰？」

　　「天使啊！」

　　她似懂非懂地點頭。第二天早上，就告訴我夢見婆婆，坐在雲椅上，逐一問候我們每一個。最後，由四個流淚的天使拉著一塊布的四角，把婆婆送到天堂的另一方，並將這個景象畫成一幅美麗的圖畫，送了給我。

一看，眼淚就不住地流。是感動，也是安慰。

那天，把這個故事告訴這位媽媽，**別以為孩子不懂生死，其實，他們純真的心靈，看得比我們還通透。**

事後有機會捧讀《幫助孩子面對喪親之痛》一書，印證了親人離世，是該告訴孩子甚麼是死亡的，千萬別以「爸爸去睡覺不會醒來」等含糊其詞，而是如實相告，並讓孩子知道，一家人都會想念爸爸，都可以大哭。但更重要的是，大家都不會離開他；至喪禮結束，仍會懷念爸爸，談及爸爸……

深深相信，讓孩子與我們一同哀傷，是孩子生死教育的必修課。

富足生活
不是一切

　　不止一次聽到身邊將子女送到外國唸書的友人，告訴我類似的消息：孩子考進了名牌的大學，本以為一帆風順，怎知一個惡耗傳來，說她在彼邦情緒出了問題不能上課，把在港的父母嚇得半死。結果就是停學回港，在家養病療傷⋯⋯

　　當然，為了保護當事人，只是將聽到的幾個消息綜合描述，但箇中情節都相類同。再看這些友人的背景，都是衣食無憂的中產階層，夫妻恩愛。為何孩子會突然出現問題呢？是孩子太被驕縱，以致到外地生活不適應？為何孩子能適應香港的考試壓力，至外地升學反而不行？

　　最可惜的是，明明是一粒優秀的種子，

為何一到異地就經不起風吹雨打而凋零？這個疑問，自從聽到第一個「故事」開始，一直存記心底。直至最近，在網上買了一本書 *The Price of Privilege : How Parental Pressure and Material Advantage Are Creating a Generation of Disconnected and Unhappy Kids*，翻閱之下，看到了端倪。

原來，美國不少富足的家庭出來的青少年，也有類近的情況。而女孩在這些壓力下，通常出現問題情緒、抑鬱；男孩則是濫藥跟行為問題。

再讀下去，發現**造成富足世代青年情緒問題的兩大元兇，竟是對成績的壓力（achievement pressure），以及與父母的疏離（isolation from parents）。**書中作者發現，父母很在乎孩子的成績表現，孩子也對自我要求完美，到一個地步就是，在「拿不到完美成績就等於失敗」的壓力下，失眠詐病，以致拒學逃學等行為相繼出現。另一個更意想不到的是，「直升機父母」對孩子的千叮萬囑，卻讓孩子備受壓力。孩子對父母無所不在

感覺壓力，但同時覺得父母處處不在（因為父母只在乎他們的成績表現，卻沒有跟他們真正連結溝通）。書中作者多次強調：孩子拿了高分，不代表他情緒穩定。我們明白嗎？

　　本以為家庭背景豐厚，孩子一生無憂，就是栽培他們的好土。但愛他過甚，可能變成害他。為人父母的咱們，不可不深思反省啊！

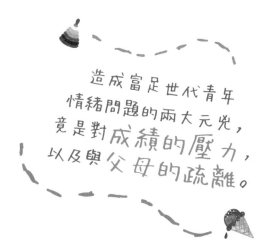

造成富足世代青年情緒問題的兩大元兇，竟是對成績的壓力，以及與父母的疏離。

IV

催極都唔讀?!

自主與學習
的培養

30

父母是
獅子老虎？

　　曾在講座中邀請香港的父母，用一種動物來形容孩子。結果發現，首選是「猴子」，形容孩子跳來跳去，靜不下來。次選是「貓」或「兔子」，形容孩子有自己的世界之餘，也愛黏著父母。跟著便是「烏龜」、「蝸牛」，形容孩子作息、做作業時的慢吞吞。

　　至於孩子，不少都以「老虎」與「獅子」來形容雙親，特別是媽媽。仍記得有一個小男生，寫媽媽的個性純如羔羊，只是一旦考試來臨，那些虎斑就會出現在她臉上。至派成績表那天，這頭母老虎更會咆哮，把他嚇個半死。

　　不過，可堪告慰的是，父母眼中的子女，就算多調皮，依然可愛。而子女眼中的父

母，就算多兇惡，他們都會加一句：「明白爸媽是為了我好。」

　　看來，父母對子女其實是了解的。問題只出在，他們**不大能接納子女的本性**。若媽媽性急，孩子卻做甚麼事情都慢慢來。父母為人沉默內向，卻生了一個活潑好動的兒子。那怎麼辦？

　　見過一對夫妻，為了訓練女兒更快吃飯，快點完成功課，到處都放一個時鐘提點。怎知她愈看愈緊張，親子關係更陷入僵局。直至他倆願意接納並懂得欣賞孩子的慢，不知怎的，孩子竟可以循序漸進地「加快腳步」，而父母也調教了自己的期望，最終達致雙贏共識。

　　至於父母，許多都說「不是想當老虎的，只不過考試臨近，孩子又不聽話，就按捺不住自己的脾氣」。明知如此，最好事先做定心理準備：孩子考試的日子，留一些空間給自己的情緒喘喘氣，預早安排並與孩子商討他的溫習時間表，並想想過去大罵孩子的後果未如理想，便告誡自己要試試另一種態度。

其實，溫柔堅定並帶鼓勵的眼神，是孩子在不知所措時最需要的。不妨試試，在孩子手忙腳亂的當下，攬他一下，跟他說：「我們一起想想辦法！」比單罵他「只顧打機，現在知錯⋯⋯」更有效。

看來，父母對子女其實是了解的。
問題只出在，
他們不大能接納
子女的本性。

31

別讓補習
變惡習

　　珍妮的女兒屬於不會自動自覺溫習那種,而珍妮
又是個容易生氣的緊張媽媽。每逢孩子考試前夕,母
女倆的感情指數便跌到最低點。珍妮女兒曾在作文
中形容媽媽臉上的虎斑好可怕,把珍妮氣過半死。
為免衝突加劇,惟有請老師回家替她補習,而且
是專科專補那種。換言之,小姐幾乎每天有老師
到家補習,每晚都累得要死才上牀。

　　「有用嗎?」見到她這樣破費,總會這樣
追問。

　　「跟女兒的衝突減少了,因為全『外
判』了,但孩子的成績不見得有大躍進。」
語氣中夾雜著無可奈何。

坦白說，我也經歷過這樣的日子。當年就是為了一個星期兩次的中英文默書，請了補習老師來替孩子溫習生字，但只是機械式的背誦默寫，孩子對學習的興趣一點都不濃。

　　「這也是我的感覺，花費了那麼多，但孩子對學習一點都不起勁！」這是可以理解的。

　　其實，孩子如果數學不好，每天做二百題，真的會好嗎？孩子不愛中文寫作，每天硬要他作文，他會愛上作文嗎？

　　除非，他覺得學習是一件有趣的事情。

　　「我不反對請補習老師，但最好請那些能挑起孩子學習興趣的。」如果老師對中文寫作有熱誠、興趣，對排難解題有著近乎沉迷的好奇心，定能感染孩子。這是我的堅持。

　　記得孩子唸高小時，四出打聽找到一位對數學極其沉醉的老師。她收學生是要「面試」的，覺得是可造之材才收納門下。幸而小女那趟會面「過關」，就成了良

師的門生。**我要求的不是每次補習完成多少數學題,而是她用甚麼方法挑起孩子的興趣。**最令我嘖嘖稱奇的,是在她誘導下,孩子完全擺脫對「解題」的恐慌。沒多久,竟然跟我說「數學不難」。這位補習老師,就是讓孩子開竅的伯樂。

補習,本是紓解親子學習壓力的一個緩衝。但若不問目標盲目選擇,讓之成為扼殺學習興趣的惡習,就不好了。

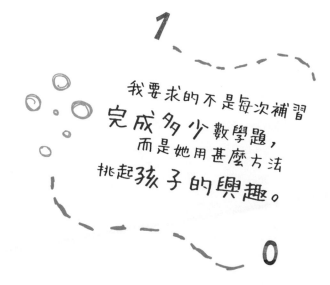

我要求的不是每次補習完成多少數學題,而是她用甚麼方法挑起孩子的興趣。

32.

算好「期望」這條數

　　記得多年前，曾到一所名校跟家長談中一的學習與適應。第一個問題拋出來的，就是他們覺得孩子升上這所名校之後，會考第幾名。

　　覺得孩子會考一百五十至二百名的，一個都沒有。

　　考一百至一百五十名的呢？有幾個。

　　五十至一百名呢？三十多個。

　　頭五十名呢？幾乎過半人都舉手。

　　問題是，頭五十名有過百人舉手，總有人會失望啊！

　　「但失望總比沒有期望好！」這是普遍的回應。說的也是。

常聽人說，高期望，高表現；低期望，低表現。那「期望」這條數，該怎麼算才好？

也許，最先要了解的是，我們對「期望」的定義是甚麼？是一個成功的關卡，如望子成龍、望女成鳳，希望孩子將來能夠唸醫科、當律師？或泛指他的成績表現？還是單指這趟測驗考試或比賽結果？

聽過有媽媽說，從小很渴望唸醫科但苦無機會，於是把希望寄託在孩子身上。但請留意，這只是媽媽的夢想，不是孩子的。

至於孩子的成績表現，怎樣才符合父母的期望？每科九十分以上？還是按著他的能力進度，給予合宜的期望？意思是，他上次數學成績是六十分，這趟可期望他拿六十五或七十分之類，比較「實際」。

父母最愛的招數，就是拿著「期望」這鮮明的旗幟，督促孩子「進步」。但若孩子的實力與期望差距過大，反而會削減他的志氣。孩子明知目標高不可攀，更會置諸不理，感覺沮喪。

「那就任憑他愛怎樣就怎樣吧！」這是另一個極端，會讓孩子覺得，反正父母也不看重他，他又何需努力呢！

　　所以，期望這條數，父母可得小心算。

　　算得太盡，孩子會倍感受壓；草草去算，孩子便會草草交貨。

　　如何帶著自省的心，明白自己的期望並非為圓一個「未了的夢想」，而是因了解孩子的特性優點，賦予一個明確清晰的目標，讓孩子在人生的學習路上有所依循，才是明智之道。

33

求學的意義

　　那天，在講座中，一位爸爸勇敢地拿著咪，向我們訴說他幫孩子溫習的困惑：「為了幫孩子應付考試，每科我都搜羅了不少舊試題，將之編輯成冊來給孩子操練……但……」

　　「其實，我在孩子唸小學四、五年級的時候，跟你做的一模一樣。」他聽到我這樣回應，眼睛瞪得大大的。

　　是啊，我也曾是個這樣催迫孩子的「虎媽」。那些年，因為孩子升到高年級，面對呈分試的壓力，而她的成績又居中下浮游不定，我惟一能做的，就是在考試前，把每科過去的考卷都拿出來，加上她測驗時出

過的題目，彙集成一本本模擬試題。讓她天天在操練，相信「熟能生巧」，成績怎樣也會進步。

沒想到，那段時間卻是親子關係最緊張的。孩子一見到我下班，就知道媽媽會逼她操練。她每一趟操練，都被我揪到好幾題不小心答題，甚至一錯再錯。最後我氣得把她不小心答錯的所有試題，打滿幾頁紙，強迫她在試前「死背」……到頭來，錯還是會犯，分數還是照扣，孩子怕了考試，更怕了催谷她的媽媽。

「若孩子唸書的目的，是為了求學，那她在學習過程中，享受嗎？她會把所學的藏在心裏，成為內在的知識嗎？」記得這番話，是一位很有智慧的長輩對我的提醒，讓我恍然大悟。

是啊，過去的密集操練，只是準備孩子應付考試。但考試過了，她記得所學的嗎？難道求學就只是求分數嗎？作為家長的我，可以做甚麼？

痛定思痛之下，我的心態改變了，決心將自己的學習技巧傳授：如怎樣閱讀一本書，怎樣寫好一篇文章，

怎樣蒐集資料做專題，以及怎樣寫好筆記等，讓孩子拿
穩這些學習的「魚竿」，總有一天，她會從中學曉學習。
而成績只是過眼雲煙，至她學懂拿捏這些基本學習技
能，愛上學習，成績嘛，自然會慢慢上揚的。何況學習
這場馬拉松，並不在朝夕，而是一生的啊。

親子互動 鬆一鬆

七十分的眼淚

問問孩子

坐在你身旁的同學突然哭起來，你細問之下，發覺她因測驗只拿到七十分，怕被媽媽責罵，所以哭起來。於是：

a. 你立刻告訴老師，請她安慰同學。

b. 你勸她以後用功讀書，下次取得好成績，媽媽便不會責罵她。

c. 告訴她若已盡力讀書，拿不拿一百分也無所謂。

d. 把手帕遞給她拭淚，並聽她講出心中的恐懼。

參考這回應，與孩子傾一傾

a. 老師可能太忙，趕著教書，沒時間理會她呢！

b. 但這次她真的只拿七十分，所以她仍很怕呢，再看看有否別的方法。

c. 這個想法很好，凡事盡了力，便應問心無愧。

d. 你真是很懂得照顧人啊，你也會是她的好朋友。

給家長的便條

考試是半努力半運氣的結果。孩子拿到一百分當然值得高興，但若她已盡了力，成績仍不理想，被迫得流出眼淚，那種「得不到最高分」的壓力可能甚於考試本身。孩子的眼淚，可是對父母過分苛求的提醒呢！

34

暑期作業
還是暑期作孽？

　　兒時，最不耐煩的事情，就是做假期作業。咱們唸書的那個年頭，寒假有寒假作業，暑假有暑期作業。

　　甚麼時候做暑期作業？學校當然希望學生每天都做，但享受假期的學生如果天天仍在做作業，那放假跟上學有何分別？據耳聞觀察，大部分學生跟咱們一樣，都是臨開學前那幾天才趕做假期作業，臨急疾書。

　　那豈非草草了事？絕對是。仍深深記得孩子在假期結束前完全不能盡興，要坐在書桌前做功課，又怕做不完的狼狽相。更氣餒的是，改功課的老師也不見得很重視這份假期作業。好幾次見到孩子努力做的功課，回來老師只

是「剔剔剔」，甚麼評語都沒有。

那個時候，心中早有疑問：**既然假期作業對師生是兩邊不討好，學生也不見得會學到甚麼，為何不能取消呢？**

所以從新聞中，聽到台北市長柯文哲說，從二〇一六年開始，台北市政府廢除寒暑假作業規定，當然舉腳贊成！

柯市長說：「讓孩子決定自己想學甚麼。」想當年老爸調教孩子就是這樣，規定每年暑假我一定要學一樣「新事物」。他要我寫申請書，經他審核批准，覺得這是「新事物」，就會資助學習。記得從中一開始，我學了吉他、英文快速閱讀、書法、自由式泳式等等。由於每個項目都是自選的，學習起來也特別有勁。至今，仍念念不忘。懂教育的友人聽到，連連讚老爸有先見之明，懂得學習為何物。

記憶背誦，懂得做作業、回答問題，這些只是學習的基本層次。真正的學習，是引發興趣，不斷求問，找

到答案，然後使之成為個人知識的一部分。就算考試過後，仍記憶清晰，懂得學以致用，這才是學習的樂趣與過程。

　　但眼見這一代的假期作業，很多仍擺脫不了昔日「死背爛做」模式。每年書展，總見到家長瘋狂地蒐羅暑期作業。教育當局不如效法台北，試取消這「作業」，別讓之成為孩子的「作孽」，好嗎？

教孩子作文

教孩子作文難不難？不難，而且很好玩。

屈指一算，已教了十四年有多，而且愈教愈開心。因為負責的是課外活動班，所以有很大自由度。每堂，可以跟孩子玩成語猜謎，演短劇吸引他們對某個議題的反思，或帶他們遊校園等。每次上課前，我總會埋首想想，這課又可以帶些甚麼有趣的點子給孩子。

友人見狀，總笑我幾十歲人「大唔透」，還嫌自己不夠忙嗎？我的回應是，正因為生活繁忙，親親孩子能讓我減減壓，多好。

其實，**挑旺孩子寫作興趣的先決條件是：先感受到寫作的樂趣**。就跟一些廚師

教烹飪一樣，他一定是熱愛下廚，才能將自己的熱愛傳授給別人。

接著，就是如何將沉悶的寫作班變成好玩逗趣。試過有趟，我帶了五個塑膠球進班房，著孩子留意我跟那五球怎樣互動，他們也逐一跑去跟它互動，最後寫下「塑膠球的自白」，寫來有板有眼。

教了這許多年，發覺孩子最常犯的毛病有幾個：

常用「我的」：從文章的開始到尾，不停強調「我的同學」、「我的爸爸媽媽」、「我的朋友」等。常跟他們說笑：「這篇文章的作者是你，寫的爸媽同學當然是你的，怎會是別人的呢！」他們聽著，哄堂大笑，很容易就記得改進。

常會離題：明明題目是「最尊敬的老師」，一開始卻提到某趟學校旅行，在旅行途中某老師對他做了某件事，所以覺得對方備受尊敬。用了大量篇幅寫「旅行」，忘了老師才是主體。

常彈舊調：每逢遊記文章的結束，一定有「依依不

捨」、「流連忘返」之類的陳腔濫調出現。

　　常會重複：內容重複又重複，千篇一律，如「忘記就是要記不起、忘掉一切」，其實簡化為「忘記就是記不起一切」便可。

　　更重要的是，在批改作文的時候，將這些犯錯的句子勾了出來，向他們解釋改正。他們知道錯在哪兒，便能改善。

　　當然，最開心是見到那些本來毫無學習動機的同學，經過一課又一課的啟迪，愈寫愈用心。樂在其中的我，又何苦之有！

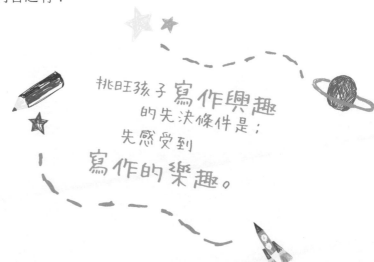

挑旺孩子寫作興趣的先決條件是：先感受到寫作的樂趣。

36 為了拿獎
就「不擇題材」?

　　因為工作關係,經常有機會擔任一些學生徵文比賽的評判。已經不止一次碰到類似的情況,就是讀到同學以煽情的故事為題材,博取高分。

　　如何煽情?如「母親為了保護他挺身而出,最終被客貨車撞死,葬身車輪之下」,孩子因著母親捨身救己而永記母親救命之恩。記得第一次讀到這樣的文章,我的心就被深深觸動。最後才知道那只是一個虛構故事,是真正的「老作」,心頭冷了一截。

　　近幾年,類似賣弄真情的文章更是層出不窮:有寫老爸失業後孩子怎樣安慰他(最後發現老爸是老闆,孩子這樣寫只為投入體會

失業階層的痛苦）；有寫孩子去探露宿者或獨居老人，以表關懷（其實只是杜撰），甚至讀過自幼父母雙亡，自己卻天才橫溢（這個沒機會查證，但我懷疑）等等。

記得多年前，曾問過一個得獎孩子的家長，是否知道孩子寫她意外身亡，感受如何？怎知她的回應是，「只要拿到名次，不會介意，因為是創作」。**聽罷，我一臉無奈，只能歎句：為了拿獎，真的可以這樣「不擇題材」？**

「這可是創作自由啊！」曾經有一位家長，聽到我的慨歎便如此回應。

我無意干涉創作自主，也深深明白這一代的孩子很缺乏「逆境」的經歷，所以便要將之化成創作題材。但碰到那些聲稱以甚麼真情真愛為名的比賽時，作為評判的我，又該否以「真」為準則？若所寫不真，感情卻真，豈非自相矛盾？記得咱們那個年代，老師總教記下真人真事，才生出真情，也只有真情，才能感人。

但坦白說，如今讀到那些所謂「真情」作品，我已

帶著很多保留。不錯，我的腦筋變得「精明」了，我的心變得剛硬了，不想再受騙了。如讀到兩三篇情節相近（都是母親如何碰上車禍慘死）的故事，也只是一笑置之，不為所動。只是，用這個方法來面對當評判的忐忑，只是權宜之計。若我深信真情是基於事實的話，是否該向主辦單位反映一下呢！

37

我的獨家學習筆記

　　記得唸中學的日子，最感自豪的就是那本筆記。我是一個事事都愛詳盡記錄的人，所以上課時最愛將老師所說的、課本的精要，加上閱讀課外讀物的心得合起來，成為獨家筆記。

　　為甚麼一本筆記那麼重要？因為可把所聽所溫習的，用自己的方法寫成重點記錄，已是一個複習的過程。考試時候，只要把從幾百頁課本寫成的短短十多頁濃縮筆記速讀溫習好，就是最容易上腦的材料。

　　這個寫筆記的本領，至大學仍在不斷鍛煉。但結婚生子後，一直疏於練習。直至有那麼一天，唸小四的孩子學業停滯，對

讀書失去興趣，讓我重燃將獨家筆記的「武功」傳授給她的念頭，好歹也讓她有一「技」之長，以備溫習之需。

當時身邊的友人都覺得，不如找一位補習老師，惟有這樣成績才能突飛猛進。但我卻覺得**堅持學習是終生志業，撩動她學習的興致跟寫筆記的技能，將會終生受用**。而羅氏獨家筆記的基本功有如下幾點：

1. 選心頭好的筆記本跟筆來寫，會愈寫愈用心起勁的。
2. 上課時把老師講述跟課文有關的重點，寫在課文空白地方，課後再融會貫通寫成扼要，重寫在筆記。
3. 另一個就是課文的內容精華，將之化成重點大綱，寫在筆記本上。
4. 因為要速記老師所講，所以需自創符號以便趕快記錄，如以「etc」代表「等等」，諸如此類。
5. 如看到報章雜誌或上網的臉書文章與課文內容類近，可將之貼於筆記本內。
6. 用不同顏色的筆劃出課文的不同重點主題。

7. 若要增加樂趣的話，可在筆記本上畫一些公仔圖案，
   增加溫習的趣味與筆記的可讀性。

　　還記得那時鼓勵孩子，做獨家筆記這門技能，熟能
生巧，並且會愈寫愈有趣味。如是者，她也愛上做筆記，
成績也逐漸進步起來。大學畢業那年，最捨不得扔掉的，
就是那一本本的筆記。如今仍在書架上，成為她學習的
珍藏。

38

我是這樣學會普通話的

全城鬧哄哄談到要「普教中」（意即以普通話教授中國語文科）的當下，卻勾起了我學普通話的青蔥歲月記憶。

我唸的是中文小學，教學都以母語為主。大概到了小四、五吧，除了恆常的中文課，學校還多加了一堂「說話」課。所謂「說話」，就是普通話會話。課堂內容早忘得一乾二淨，但那位老師卻叫人念念不忘。

印象中她姓楊，梳著一個奧米加頭，愛穿長衫教學，上課時總拿著一把「大間尺」。每堂課，她都會穿梭於我們的座位之間，要我們跟她一起朗讀注音符號，「波，Paul，摸，

科⋯⋯」（我是用這個方式來記住那些陌生的注音符號）。若同學之中稍一唸錯被逮個正著，她就會手起尺落打下來。那年頭，誰也不喜歡上説話課。

　　本以為學普通話的興致已冷，但回到家中，每每在飯桌上聽到父母的普通話對話，又讓我心癢癢的。

　　「我們下個星期要跟人吃飯，別讓兩個小鬼頭知道，否則他們又會⋯⋯」媽媽是用純正的普通話在爸耳邊講的。我只知道「小鬼頭」三個字，是指我跟弟弟。

　　「媽，你説甚麼『小鬼頭』，是指我跟弟弟嗎？」

　　「才不是！小孩子別偷聽大人講話！」

　　她愈是叫我不聽，我愈要聽。那時才發覺，老爸老媽提及兒女的「不是」，或不便告訴兒女的祕密，就會説普通話。**這也是我立志學好普通話的最大動機，就是能聽得懂爸媽講的「悄悄話」。**

　　那怎麼學？

　　聽收音機，從時代曲學。所以，那年代的《今天不回家》、《負心的人》、《往事只能回味》都能倒背如流。

還有就是看國語片。邵氏出品，必看無疑，每個周末我跟弟弟跑進電影院，喝國語長片的奶，也學會了一口蠻算流利的普通話。

其實，學甚麼語言都是一樣，最重要的是引發孩子的學習動機。我學普通話的動機，是用來聽懂父母的祕密，這動機夠強了吧！

這是孩子的興趣嗎?

為甚麼讓孩子參加興趣班?真的是讓孩子對某種學藝產生興趣,還是為了報考學校?在講座中把這個問題拋給家長,見到他們笑而不答,大抵各人心裏有數,是後者居多。

記得曾獲邀到一所學校談如何為孩子選擇興趣班,一問之下,才發覺現代家長們都想孩子精通各藝,報讀最多課程的一位,竟讓孩子報讀了十四個之多。

倘若讓孩子報讀興趣班,真的為培養或發掘孩子興趣,為人家長該如何選擇?

多留意孩子,了解他感興趣的事物:如孩子從小愛塗鴉,就讓他報讀繪畫班吧;

如自幼對數字敏銳，讓他多接受數學邏輯的訓練；如他手腳靈活，對球類活動反應特別好，就讓他學學籃球或乒乓球吧。

太多興趣，反而扼殺興趣，要集中所長：孩子課餘的時間有限，除了上興趣班以外，還需要跟同輩玩耍，與父母相處，還有一個人的自由獨處時間。若太多興趣班把時間填得密密麻麻，反而會讓他感覺壓迫，失卻興趣。**最好以「一動一靜」，「一體一藝」或「一文一武」等原則與孩子商討，選擇興趣班**，培養他文武雙學，動靜皆宜的脾性。

讓他選擇，也要求他堅持：既然是孩子的興趣班，當然要由他選擇。知道不少母親因年少家貧，很羨慕班中可以學鋼琴的同學，於是到自己結婚生子，就很想孩子可以學鋼琴，以還自己未了的心願。我常跟這些媽媽說：「想孩子還自己未了的心願，不如自己學！」

如果孩子好動，就讓他云云運動中，選他最有把握最擅長的；如果孩子愛藝術，就讓他選學樂器還是繪畫。

將他所愛所長加以栽培，必能成材，也能培養他的自信。

　　不過最重要的是，既然他選了，就要堅持下去，不能中途而退。

　　聞說現在學校面試，會問孩子是否真的愛上興趣班。強迫孩子上興趣班的家長們，小心孩子口吐真言說是「被迫的」，反倒誤了他的前程啊！

40
乘「興」追擊，打開閱讀之門

「媽媽，送一個洋娃娃給我，好嗎？」

「書中自有黃金屋！投入書的世界，比跟洋娃娃玩耍有趣多了！」

這是我童年時跟母親經常出現的對話。因為她深信，給女兒一受用的禮物，就是讓她愛上閱讀。所以除了書籍，她很少買別的禮物給我。而且，買起書來，總是一套一套的買。就這樣，我的書架上，堆滿了格林童話、安徒生童話、《愛麗絲夢遊仙境》、《鐘樓駝俠》等。放學回家做畢功課，就可以一頭栽進童話世界中，甚麼也不用管。

正因童年受母親如此這般刻意薰陶，至自己當了媽媽，也很想把這份「寶貴禮物」

送給女兒。於是，我特意把自己的家佈置成「書香」之家，也就是說，家中每一個角落都擺放了書（連洗手間也不例外）。孩子自幼便跟著我去逛書展、圖書館，每到一地旅遊，也必逛那兒的書店。想當年台灣的誠品開幕不久，我們一家就去拜訪了。

雖然如此用心良苦，孩子對閱讀還是冷冷的，愛讀不讀。我常開玩笑跟她說：「你老媽我到處推廣親子閱讀，你卻不愛閱讀！」她反駁說：「我也看書，只是不像你那般沉迷！」也許，真的是彼此期望不同。但無論如何，還是覺得她可以多讀一點。

直至孩子中三那年，坊間出現了一齣奇幻電影《魔戒》。孩子看完第一集就愛上了，我乘「興」（就是她的興趣）追擊，陪她看了三集。看她仍興致勃勃，便佈下「圈套」：「電影通常只拍到小說的部分情節，《魔戒》故事最精彩之處，盡在那一套三集的小說之中，要買來看看嗎？」

「想讀啊！」見她中計，更趁勢扮「無知」：「小

說的人物很複雜，你最好解釋給我聽聽，讓我多了解！」聽孩子娓娓道來小說人物結構，跟每個主角的特性等等，聽得津津有味。

　　從《魔戒》一書，開啟了孩子的閱讀之門；她也接受了我這份多年「處心積慮」送給她的禮物。

正因童年受母親如此這般刻意薰陶，至自己當了媽媽，也很想把這份「寶貴禮物」送給女兒。

愛極都唔夠?!

同在與同行，以愛還愛

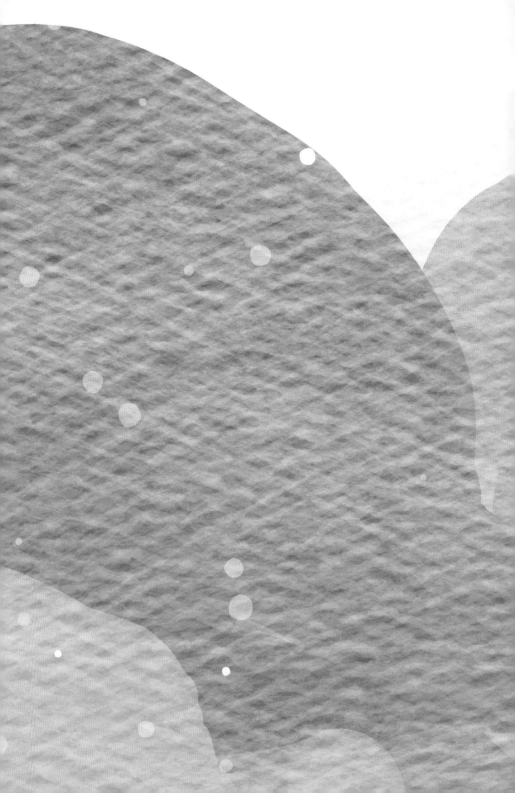

很多人以為，買到一層樓，就有一個家。

也有人以為，生了一兩個孩子，才像一個家。

但若家人之間，缺乏愛與關懷。

多大的房子，生得更多的孩子，都沒有家的感覺。

以愛繫家，是現代家庭都知易行難，

也永遠學不完的功課。

但別因為難學就不去學，因為學不完而洩氣，

讓我們一同努力，每天學多一點點，

好嗎？

41

孩子，歡迎你

　　記得許多年前曾聽過一位女士分享。她的媽媽一見她頑皮，就說：「其實我想生個兒子，不想生你！」那位女士從此把話存在心間，老覺得自己不被接納，是家中不受歡迎的一員。

　　這一幕，一直存記在心。

　　也想起自己小時候，在弟弟的滿月宴上，一個親戚突然走到面前，跟我說：「妹子！你爸爸媽媽生了個兒子，就不會愛你的了！」那高大的身影說完了這句話就走開，但留下的烙印卻畢生難滅。

　　也許是這個原因，**自女兒出生以來，我就告訴自己，一定要讓她知道，她來到這個**

家，是備受歡迎的。

　　所以，從醫院接她回家以後，每天早上，我跟她爸爸都會比她早起，按時定候，悄悄走到她牀邊，看著她的眼睛逐漸張開。然後，她可見到爸爸媽媽帶著笑臉跟她說「早安」。友人曾問我這樣做有甚麼意義，我的回應是：「每天重複地做，希望爸媽的笑臉一直印在孩子的腦海，她會記住啊！」

　　當然，更重要的是下班回家，怎樣跟她打招呼與相處。

　　原來，自己也曾是一名「虎媽」。有天叫當時唸小一的女兒「扮媽媽下班回家」，竟見到她拿著我的公事包一骨碌坐到沙發上，指著當時「扮女兒」的我，問：「做完功課了嗎？溫習好明天的測驗嗎……」那刻才驚覺，自己是那樣兇巴巴的。自此痛改前非，回家之前先在腦袋中反思：回家不如跟孩子到樓下商場逛逛，或者買一杯她最愛吃的冰淇淋跟她分甘同味。總括來說，就是先跟她輕鬆玩玩，減減壓，吃飯後再投入功課溫習，

才會事半功倍。

　　記得兒時替她洗澡，也不忘摟著孩子跟她説：「媽媽愛你，謝謝上帝將你帶來我們這個家！」類似這種的「歡迎儀式」，不時是母女間的一種指定禮儀。

　　如今，孩子快出嫁了。那天，她準備出門會未婚夫説再見的那刻，我忍不住説：「嫁了人也可以回家吃晚飯，我們歡迎你（們）！」

自女兒出生以來，
我就告訴自己，
一定要讓她知道，
她來到這個家，
是備受歡迎的。

親子互動 鬆一鬆

一覺醒來十八歲

問問孩子

一日，你一覺醒來，發現自己突然長大成人，變了個十八歲的大人，你會：

a. 高興得不得了，立刻到衣櫃拿爸／媽的衣服穿。

b. 不知如何是好，趕快找爸媽。

c. 到街上找個小神仙，請他幫你打回原形。

d. 找警察叔叔幫忙。

參考這回應，與孩子傾一傾

a. 恭喜你，終於夢想成真！

b. 爸爸媽媽一定會幫你的。

c. 唔，該找哪個小神仙才好？「飛天少女豬事丁」、
「五星戰隊」、「小飛俠」……

d. 警察叔叔可能被你嚇一跳。

給家長的便條

每個小孩都渴望長大。這個假設問題，讓他們的想像
力澎湃奔馳，更是一個與他聊天的機會，以發掘他對
成長的樂與懼。

42.

在家湊仔好？

　　這天，跟剛結婚的年輕人聊天，很自然談到婚後生兒育女的問題。

　　「你覺得生了孩子後，作妻子的該全職湊仔，還是繼續上班？」沒想到這個千古以來的問題，二十多年前我問過別人，現在則被人問了。

　　「不能一概而論，要視乎妻子的個性是否適合在家帶孩子。若上班又誰來照顧孩子，還有家庭經濟需要等，都是要考慮的。」他似懂非懂地點了下頭，繼續問：

　　「很多學者都說，孩子出生的頭六年很重要，如果太太能辭工回家照顧孩子多好……」我當然聽過這樣的說法。

「若是經濟許可，太太又願意，當然最好！」明白跟年輕人溝通，還是「順著他」好。

接著，我便舉例說，認識的一些朋友，本來是雙職婦女，但看著孩子日漸長大需要照顧，便毅然辭掉工作回家帶孩子，實在十分佩服她們的果斷。但隨著孩子日漸長大，她們又會靜極思動，回歸職場，做份 part time 工作，那也沒有不可。總之，這是咱們女人的特權：可以做，可以不做。

「說真的，你覺得太太是否對事業很熱衷？若是，也得尊重其意願啊！」在工作中，見過無數夫妻因一方不肯遷就另一方而大鬧分歧，所以做好做歹，也要游說一下。

認識一些「被迫辭職」的太太回家帶起孩子來，總有過重的期望與心有不甘。所謂「過重的期望」，就是她們覺得犧牲了工作，孩子若不聽話，讀書成績又差的話，便會感到沒有面子，感覺挫敗。至於「心有不甘」，就是眼巴巴看著往日的同事步步高升，自己卻坐在四壁

無人的家中，每天對著孩子的哭鬧聲，倍感孤單寂寞。

　「還有的是，帶孩子是父母的責任，不能單靠一個啊！」這才是真正的良心話。不論太太在家帶孩子好，甚至先生願意辭掉工作在家帶孩子也好，這都不是大問題。

　最關鍵的是，大家是否認定，撫養孩子是爸爸媽媽共同的責任，絕不因誰上班，誰留在家，而輕易卸給另一方啊！

一家人吃飯

　　如果問甚麼活動能把一家人維繫在一塊，那一定是「吃」。

　　舉凡聖誕冬至過年這些大日子，一家人無論怎樣忙，都會聚首一堂，大吃一頓，這是維繫感情的最有效方式。記得家父生前，總要求我們逢星期六一定要返娘家晚飯，老媽必定到附近街市買海鮮，讓一家十多口大快朵頤。

　　怎知，身邊兒女早已嫁娶的友人聽到我這堅持，卻持相反意見：「孩子還在為工作打拼，哪有時間探望兩老？」話裏有種酸溜溜的感歎。所以孩子出嫁前，我這個老媽說得最多的一句，就是「一星期要回家吃一

次飯」，那是渴望，也是最起碼的要求。

一家人吃飯，為何這樣重要？美國的一項研究顯示，和家人共進晚餐的孩子，比較不會酗酒、吸毒、自殺，個性上也比較有禮貌，飲食較健康，自尊心也較強。

別以為晚餐時間盡是無聊，其實這是個讓家人分享煩惱，透過食物料理感受天倫之樂的時刻。年幼時，是父母為孩子做飯，至孩子年長了，就變成孩子為父母做飯。記得去年生日，**孩子送給我的生日禮物，就是她跟未婚夫合煮的西餐（四菜一湯），喝著濃濃的菜湯，吃著鮮嫩的牛排，嘗到的就是幸福的滋味。**

當然，咱們家也跟香港不少家庭一樣，一家人吃晚飯的機會不多。那怎麼辦？就將之改為「吃早餐」及「吃水果」時刻吧，每天早晚進行，一天就有兩段共敘時間。其實，重要的不是吃甚麼，而是那份無拘無束的閒聊。談談每天工作的甜酸苦辣，笑笑彼此的愚痴愚笨，讓孩子聽聽父母的苦水，父母也聽聽孩子每天的喜怒哀愁；真正的了解，就是如此點滴參透。有時，我們會跟孩子

重提前塵往事，如公公怎樣辛勞開了洋服店，婆婆如何努力做了股票經紀，我們在台灣宣教的日子等等。透過這些生動的故事描述，將價值傳承。而對家庭的歸屬感與觀念，就是透過一家人吃飯而逐漸建立的。

44

孩子不是剋星！

　　這天，一位爸爸提出這樣的問題：「如果孩子的生日，碰巧是他嫲嫲去世那天，該怎樣向他交代？」看得出他覺得為難，因為孩子的出生是母親的死忌。如果身邊的人迷信，更可能會說孩子是個剋星怎麼的，對孩子的成長就影響大了。

　　怎說，孩子都是無辜的。但偏偏命運弄人，就真的有這樣「湊巧」的事情發生，一喜一悲，是名副其實的悲喜交集。

　　「孩子年紀尚幼，就單純慶祝他的西曆生日吧！至於媽媽的死忌，因為上一代都愛用農曆，不如用農曆來算，將兩者如此分開吧！」這是我挖空心思想到的一個對策。他聽罷點

頭離開，似乎受落。

的確，**孩子年幼不懂事，何必要他背負這個「莫須有」的包袱呢**。而我之所以這樣著緊，因為年輕的時候，也曾受「剋星」之名所累，致自我形象低落。

還記得那些年，任職股票經紀的母親，可以用不同的名字買股票。有好幾次，她神色凝重地告訴我：「阿女，我若用你的名字買股票，買哪隻股票，那隻就跌！」

是嗎？怎會這樣？難道我的名字就代表厄運、不吉利嗎？

雖然媽媽是隨口說說，我卻暗藏心底，一直縈繞不散。自此，舉凡任何抽獎活動，諸如百貨公司抽獎、便利店抽卡、商場抽波波活動等等，我一概謝絕參加。因為我深深覺得，好運不會跟著我。

直至多年前，外子深知我這軟弱，特意跟孩子約我去嘉年華。買了一堆代幣，偏要我玩。入場前還做了一個「脫離厄運女孩」的祈禱。結果那趟真的丟中了彩虹正中，也中了籃球遊戲等，拿了兩個大公仔回家。自此，

剋星標籤皆脫落，有種重新做人的感覺。

　　所以現在不時跟家長接觸，都會苦口婆心規勸大家，不要隨口說孩子是「蠢豬」、「膽小鬼」、「黑仔」之類。雖然言者無心，孩子卻會一世牢記，久久不散。而這種代代相傳對孩子無形的咒詛，得止於今天我們的覺醒啊。

爸爸的電話

那些年，我剛生了孩子。每天黃昏，就會收到老爸的電話：「我的乖孫今天吃了多少安奶啊？」滿以為給他一個答案，他就感到滿足。怎知，吃了四安嫌少，喝了八安又覺太多。

至女兒年歲稍長，我每天七點下班回家，又會接到他的電話：「我的乖孫女今天吃甚麼菜？」

「有魚有肉啊！」

「那些魚怎麼煮？肉是炒的嗎？」

「魚是蒸的，肉是跟青菜炒的！」

「味道這樣寡，孩子怎會愛吃……」

我的女兒把飯跟菜全吃光，毫無怨言，老爸卻總是這樣「奄尖」，覺得我們家菜

式變化不大，就是沒把孩子照顧好。

還有，自從老媽去世之後，老爸對兒女來電總生一種莫名的欣喜。有趟我下班回家，一時興起打電話給他，他一接到電話，就提高腔調（起碼八度）喊著我的乳名，說：「嗨，妹子，有甚麼事嗎？」

「老爸，不用那麼興奮，是女兒而已⋯⋯」這時，我故意提他一下，希望他把腔調降低八度。心想，我是他的女兒，打電話給他問候一聲，實在不用大驚小怪。

這些疑惑，一直藏在心底，直至老爸過身後，仍久久不散。一直到孩子成長出來社會工作，開始頓悟。

因為工作繁重，她時會夜晚歸家。因為掛念，會打電話給她查探一下，但許多時候她都忙著工作，不敢打擾。所以，一周若有這麼一天，她能回家吃飯，我已不亦樂乎。席間，她夾著菜，我聽到自己的嘴巴在問：「今天中午跟誰吃飯？」她支吾答了一句「同事」。

「啊，那吃些甚麼？」

「魚跟肉啊！」

「那些魚怎樣煮？肉怎燒？」從來沒想過，我竟然會問這些問題。

話說某天，在家中寫稿的時候，突然接到女兒的電話。一聽是她的聲音，我竟興奮莫名地把腔調提高了八度，說：「嗨！凝凝，有甚麼事嗎？」

「是啊，不用那麼興奮啊，媽！」此刻，好像突然明白過去爸爸每個電話背後的苦心。

46

孩子是我
知心友

　　孩子是我知心友，相信是許多媽媽夢寐而求的事。曾經，我也是這樣想，原因可追溯至我跟母親的關係。

　　還記得媽媽生前，無論我是從國外唸書回家渡暑假或嫁了人，每天總會撥個電話跟媽媽聊天。一有機會回家，就愛扯著媽媽聊天不放，在梳妝桌前跟她天南地北閒話家常，毫無顧忌。

　　只是，年歲漸長的我，早已忘記青春期間跟母親的頂撞沉默，甚至閉門抗議的畫面。**原來從青春期的冷漠對抗，至成年後的以友相待，是一條漫漫長路。**當中，媽媽改變的是對我的看法，我改變的是對媽媽的態度。

　　到底怎樣變的，記憶早已模糊。惟一記

得的是，「天下沒有不疼愛孩子的父母」這句話，還有
旁人的提點，如「接納媽媽是這樣脾性的人，她罵過你
後便沒事」，又或者那句「多體貼母親的辛勞吧」等等，
都是當時聽得進耳的忠言，也成了化解母女倆誤會的一
帖良藥。而媽媽也因著退下股票經紀的火線，重拾運動
逛街之樂，為人平和了，也跟我的距離愈拉愈近。

　　回憶中有著這個曾經出現的畫面，對孩子也自然有
了這個期望。怎曉得孩子一直有自己一圈子的朋友，也
不像媽媽般口沒遮攔地說心事談人情，屬於內斂型，跟
我的脾性有很大的落差。如我是急性子，她是慢郎中；
我是熱情不設防，她是謹慎而慢熱等等。也正因這樣的
母女組合，讓我在安慰那些為親子不能溝通而沮喪的媽
媽時，多了幾分同情諒解。

　　直至孩子嫁人了，我們跟她的會面，就是一星期一
趟的晚餐。最近，更開始跟女兒實行午餐約會，跟她在
辦公室附近好好吃一頓飯，談談近況、夢想與未來。

　　那天中午，我們啃著美味的銀鱈魚套餐，笑談生活

中遇到的種種人和事。她冒出了一句：「媽，我一直覺得她……」一語道破我某段人際關係的底蘊，聽得我目瞪口呆。

心中冒出的話是：她已不再是孩子，是個懂得進諫的知心友了。

三代同行

　　這個周末，到九龍城附近的商場吃飯，感覺等電梯的時間特別漫長。終於，電梯門打開了，首先走出來的，是一位坐輪椅的婆婆，推著她的是一個長相跟她相似的孝順兒子吧。雖然一等再等，但身邊沒人有怨言，還說：「慢慢來，不急！」

　　統計早說，未來的老年人口暴增。像咱們這些五十後出生的中年人，也逐漸步入晚年。看著這些坐輪椅的哥哥姊姊，自然也想到自己的未來。

　　過去，對晚年的定義都很狹隘。覺得年過五十就是老了，不中用了，沒事做，沒建樹了。現在，卻很不一樣。不少人踏入

五十歲後，依然活力充沛，退休後展開人生更精彩的下半場。美國心理學家戴科沃博士（Dr. Ken Dychtwald）稱這些年過五十的嬰兒潮世代為「熟齡世代」。**這世代的人當中，滿有的是智慧與經驗，讓他們帶孫兒，跟我們上一代比起來，更多了一份老練與知識。**

就如認識的她，從文化界前線退了下來，天天替女兒帶孩子，每天跟孫兒講故事，讓年幼的孫女自幼就對文學產生興趣。

認識的他，從學校退休下來，就從沒閒過。有空幫青少年機構當義工，又或逗逗孫子學樂器。

最近更知道，不少旅行團也在打這些熟齡世代的主意，倡導三代同行的「帶爸媽去旅行」。旅行社推出的口號是「加深牽絆關係，三世代旅行」。一方面可讓三代暢快共享天倫之樂，另一方面可讓彼此在這空檔中找回各自喘息的空間。讀著這些資料，心中就有種暖意。想起不久的未來，我們會跟女兒女婿一同開始「兩代旅行」了。他們曾建議我們試試一些冒險的玩意，我們都

搖頭說不，因為明白到自己不再年輕，無謂逞強，還是安分守己的歇歇睡睡，看著年輕人玩玩就夠。

　　身邊知道我們剛嫁女的人都問：何時抱孫？哈哈，我們暫時很享受這種「兩代同行」的自由時間，何時能三代同行？可不是我們作主呢！

48

父母恩至
公婆恩？

看新聞始知道，社會福利署為一眾祖父母辦了一個「湊孫訓練課程」，據聞反應踴躍。有參加者更說，讀完課程，讓兩老由「抱 B 都唔識」變成「湊 B 專家」。如今真是「世界變」，咱們那代是新手爸媽跑去唸湊仔課程，怎麼一晃眼就變成了「祖父母」的先修課？

真的想不通。

是現代父母過忙，所以將湊孩子的事全假手親人？還是提早退休的祖父母們，因只顧工作賺錢，錯過了照顧自己孩子的大好時機，所以今天來個大補償？

看看身邊友人，也知道這是必然趨勢。因為約那些大姐老兄吃飯，不少都要聽「孫」

由命。本來大夥約好出來飲茶的，怎知一個要帶孫兒上興趣班，一個要帶孫女見家長，通通爽約。

曾問身邊友人，把孩子交給祖父母照顧，會否因兩代價值觀不同而生衝突？友人笑說：「表面哈哈笑聽聽，陽奉陰違就是！」不過整天都在湊孫，雙親也需要休息度假的時間嘛？「我們度假都是一家人一起去的，反正他們愛跟乖孫玩，就讓他們陪個夠。」但有否想過，父母年老也是血肉之軀，一星期七天把孩子留在祖父母家，他們撐得住嗎？年幼的孩子最需要的是跟父母建立親密的聯繫（bonding），絕非祖父母能取代的啊！

所以，還是身邊的 S 最有界線，將孩子交託給父母之前，早已約法三章說明一些自己教養孩子的生活原則（如不隨便給零食），並訂下一星期去祖父母家的次數（一至兩次），其餘時間就是自己帶孩子，照顧其起居飲食。閒來，她也會力盡孝道帶父母外出吃好住好，並鼓勵父母發展個人興趣，多參與社區及教會活動，多認識新朋友。

問她為何不讓父母照顧多些，自己便可輕省些。

　　她的回答是：「**父母照顧我們已夠辛苦，現在該是讓他倆享清福的時候。**」說得正是。「父母恩」已重，別延伸至「公婆恩」去，怎說也該是年輕一代報恩與盡盡孝道的時候了吧。

父母照顧我們
已夠辛苦，
現在該是讓他倆
享清福的時候。

甚麼是「教養」？
離不開規矩、解說與榜樣。

今天，她長大了⋯⋯
她有天告訴我：

「媽媽，我是看著你把教我的活出來，
可以有樣學樣！」

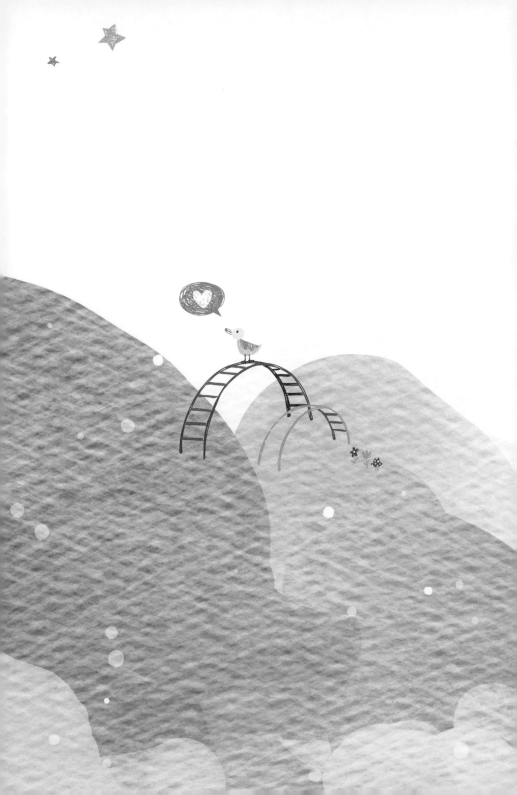

I believe in the **value,
passion**
and *beauty*
in press.

passion
in
press

I believe in the value, **passion** and *beauty* *in press.*

passion
in
press